REGLE HORAIRE

UNIVERSELLE

POUR TRACER DES CADRANS

Solaires fur toutes fortes de Plans Reguliers,
Déclinans & Inclinez.

*Ouvrage utile aux perfonnes qui n'ont jamais eu de pratique dans
cette fcience, qui eft la plus belle partie des Mathematiques.*

Avec un abregé de la Sphere pour donner une connoiffance
des Cercles & Méridiens qui la compofent.

Par le Sieur HAYE, *Ingenieur.*

A PARIS,

Chez JACQUES VINCENT, ruë & vis-à-vis l'Eglife de
Saint Severin, à l'Ange.

M. DCC. XVI.

AVEC APPROBATION ET PRIVILEGE DU ROY.

AVERTISSEMENT.

CEt ouvrage de Gnomonique, qu'on donne aujourd'huy au Public, renferme la defcription & l'ufage d'un inftrument autant commode qu'il eft fimple & portatif, & que nous appellons Regle Horaire Univerfelle. Tout l'ouvrage eft divifé en deux parties.

La premiere renferme la defcription de cette Regle Horaire Univerfelle, qui n'eft autre chofe qu'une ligne équinoxiale divifée dans ces points horaires, à côté de laquelle on a tracé une autre ligne que l'on appelle ligne centrale, divifée dans la proportion des fecantes du complément de chaque latitude, en prenant le rayon de l'équateur pour le finus total.

Après la defcription de cet inftrument on donne une méthode de trouver la déclinaifon des plans, & enfuite l'ufage de la regle horaire pour tracer les Cadrans horizontaux, les verticaux déclinans ou non déclinans, les polaires, & les équinoxiaux. On y a mis auffi l'ufage de la même regle pour les verticaux à ftyle pofé, fur la fin de cette premiere Partie : on trouve la defcription & l'ufage d'un trigone des fignes pour les tracer fur les Cadrans qui ont un centre, & fur ceux qui n'en ont point. Il y a auſſi fur la regle horaire une petite ligne qui fert à trouver l'heure au rayon de la lune.

La feconde Partie de ce traité contient l'application de la regle horaire univerfelle aux Cadrans qu'on peut tracer fur toutes fortes de plans inclinez, avec la maniere de déterminer l'inclinaifon des plans, la méthode de tracer les heures Babyloniennes, Italiennes, &c. fur quelque plan que ce foit.

Ceux qui font les plus verfez dans la conſtruction des Cadrans ne feront pas fâchez d'avoir la connoiſſance de cette regle qui n'a jamais été miſe en pratique, ou du moins auſſi étenduë qu'elle l'eſt dans ce traité.

L'on a crû à propos de mettre au commencement de cet ouvrage un petit abregé de la Sphere & du Globe Terreſtre, afin que ceux qui n'ont aucune connoiſſance de la Sphere, & de certains noms & termes dont on fe fert ordinairement dans la conſtruction des Cadrans, ils puiſſent par la lecture de ce petit traité être plus en état de comprendre ce qu'ils font.

De toutes les méthodes dont on s'eſt fervi juſques à prefent, il n'y en a point de plus prompte, & qui s'execute plus facilement que celle-ci, & avec toute la juſteſſe poſſible.

TABLE DES MATIERES
contenuës dans ce Traité.

PREMIERE PARTIE.

ã iij

SECONDE PARTIE.

APPROBATION.

J'Ay lû par l'ordre de Monseigneur le Chancelier un manuscrit qui a pour titre; *Regle Horaire Universelle, pour tracer les Cadrans solaires sur toutes sortes de plans reguliers déclinans, ou inclinez, &c.* Par le Sr Haye, Ingenieur. Je n'y ay rien trouvé qui m'ait paru devoir en empêcher l'impression. A Paris le 8. Juillet 1716. *Signé*, S A U R I N.

PRIVILEGE DU ROY.

LOUIS par la grace de Dieu Roy de France & de Navarre: A nos amez & feaux Conseillers les Gens tenans nos Cours de Parlemens, Maître des Requestes ordinaires de nôtre Hôtel, Grand Conseil, Prévôt de Paris, Baillifs, Sénéchaux, leurs Lieutenans Civils & autres nos Justiciers qu'il appartiendra SALUT: nôtre bien-aimé, le Sieur * * * Nous ayant fait remontrer qu'il souhaiteroit faire imprimer un manuscrit, qui a pour titre : *Regle Horaire Universelle, pour tracer des Cadrans solaires sur toutes sortes de plans reguliers, déclinans & inclinez*, & donner au Public, s'il nous plaisoit luy accorder nos Lettres de Privilege pour la ville de Paris seulement. Nous luy avons permis & permettons par ces Presentes de faire imprimer ledit Livre, en telle forme, marge, caractere, & autant de fois que bon luy semblera, & de le faire vendre & debiter par tout nôtre Royaume pendant le temps de huit années consecutives, à compter du jour de la date desdites Presentes; faisons défenses à toutes sortes de personnes de quelque qualité & condition qu'elles soient d'en introduire d'impression étrangere dans aucun lieu de nôtre obéïssance; & à tous Imprimeurs-Libraires & autres dans la ville de Paris seulement d'imprimer ou faire imprimer, vendre, faire vendre, debiter ni contrefaire ledit Livre en tout ni en partie, & d'y en faire venir d'autre impression que de celle qui aura été faite par ledit Exposant; sous peine de confiscation des exemplaires contrefaits, de mille livres d'amende contre chacun des contrevenans, dont un tiers à nous, un tiers à l'Hôtel-Dieu de Paris, l'autre tiers audit Exposant, & de tous dépens dommages & interests; à la charge que ces Presentes seront enregistrées tout au long sur le Registre de la Communauté des Imprimeurs & Libraires de Paris, & ce dans trois mois de la date d'icelles: que l'impression dudit Livre sera faite dans nôtre Royaume & non ailleurs en bon papier & en beaux caracteres, conformément aux Reglemens de la Librairie, & qu'avant que de l'exposer en vente il en sera mis deux exemplaires dans nôtre Bibliotheque publique, un dans celle de nôtre Château du Louvre, & un dans celle de nôtre tres-cher & feal Chevalier Chancelier de France le Sieur Voisin, Commandeur de nos Ordres, le tout à peine de nullité des Presentes : Du contenu desquelles vous mandons & enjoignons de faire joüir l'Exposant ou ses ayans cause pleinement & paisiblement, sans souffrir qu'il leur soit fait aucun trouble ou empêchement. Voulons que la copie desdites Presentes qui sera imprimée au commencement ou à la fin dudit Livre soit tenuë pour dûment signifiée; & qu'aux copies collationnées par l'un de nos amez & feaux Conseillers & Secretaires, foy soit ajoûtée comme à l'original. Commandons au premier nôtre Huissier ou Sergent sur ce requis de faire pour l'execution d'icelles tous actes requis & necessaires sans demander autre permission, & nonobstant clameur de Haro, Charte Normande & Lettres à ce contraires : CAR tel est nôtre plaisir. DONNÉ à Paris le 21. jour du mois de Juillet, l'an de grace 1716. Et de nôtre Regne le premier. Par le Roy en son Conseil. *Signé*, FOUQUET.

Rigistré sur le Registre, numero 4. de la Communauté des Libraires & Imprimeurs de Paris, page 35, numero 45, conformément aux Reglemens, & notamment à l'Arrest du Conseil du 13. Aoust 1703. A Paris le 3. Aoust 1716. Signé, DELAULNE, Syndic.

TRAITE'

TRAITÉ
DE LA SPHERE,
ET SON USAGE.

LA Sphere eſt une machine compoſée de 10 cercles, & qui a au milieu un petit globe qu'on y a placé, afin de repreſenter la terre. La Sphere eſt faite pour nous faire comprendre la figure, l'ordre & la ſituation de toutes les parties de l'Univers, & particulierement le rapport qu'à la terre avec toutes ces parties.

Entre les 10 cercles qui la compoſent, il y en a 6 qu'on appelle grands, parce qu'ils coupent la Sphere en deux parties égales, paſſant par le centre de la terre : les quatres autres ſont nommez petits, à cauſe qu'ils ſe partagent inégalement.

Les 6 grands cercles ſont,	{	L'Horiſon, Le Méridien, L'Equateur, Le Zodiaque, Les 2 collures.	Les 4 petits cercles ſont,	{	L'Ecreviſſe, Le Capricorne, Les 2 Tropiques, Les 2 Polaires, Artique, & Antartique.

L'horizon eſt un cercle qui ſépare la partie du monde que nous voyons d'avec l'autre que nous ne voyons pas ; la partie du monde qui nous eſt viſible s'appelle l'Hemiſphere ſuperieur ; & l'autre l'Hemiſphere inferieur, quand il eſt jour dans un hemiſphere il eſt nuit dans l'autre. L'horizon ſert à marquer le lever & le coucher des planettes & des étoiles : il ſert à marquer le crepuſcule,

ē

parce que quand le Soleil eſt à 18 degrez au-deſſous de l'horizon il eſt abſolument nuit : il ſert à faire connoître l'élevation du pole, parce que l'élevation du pole eſt l'arc du méridien, compris entre le pole du monde & l'horizon : il ſert à faire connoître le zenit & le nadir, parce que le zenit eſt un point du Ciel qui eſt ſur nôtre tête, & qui eſt également éloigné de toutes les parties de l'horizon. Le nadir eſt le point du Ciel qui eſt diametralement oppoſé au zenit ; il eſt dans l'autre hemiſphere ; ou il eſt le point vertical ou le zenit de nos Antipodes.

On y remarque auſſi les quatre points cardinaux du monde, l'endroit où le méridien & l'horizon ſe coupent du côté du pole artique s'appelle le Nord, & le point oppoſé ſe nomme le Sud. L'endroit où l'équateur & l'horizon ſe coupent du côté d'Orient ſe nomme l'Eſt, & l'endroit qui lui eſt oppoſé s'appelle l'Oüeſt.

C'eſt de là qu'on nomme auſſi cardinaux les quatre vents qui ſoufflent de ces quatre parties du monde : celui qui vient du Septentrion s'appelle vent du Nord, & ſur la Mediterrannée, Tramontana. Le vent qui vient du Midi ſe nomme le vent du Sud, & ſur la Mediterrannée, Mezzodi ; celui qui vient de l'Orient s'appelle vent d'Eſt, & ſur la Mediterrannée, l'Evante. Le vent qui vient de l'Occident ſe nomme vent d'Oüeſt, & ſur la Mediterrannée, Poneuſe.

Les vents qui viennent des endroits qui ſont entre deux cardinaux ont des noms compoſez des deux, ainſi le vent qui eſt entre le Nord & l'Eſt s'appelle Nord-Eſt, &c. on les ſubdiviſe juſques au nombre de 32.

Le méridien eſt un cercle que l'on conçoit paſſer par les poles du monde & par les poles de l'horizon, il coupe le monde en deux moitiez ; celle qui eſt du côté où les étoiles ſe levent s'appelle orientale, & l'autre occidentale ; il ſert à montrer le milieu du jour & de la nuit, parce qu'il eſt Midi quand le Soleil eſt parvenu au méridien, & il eſt minuit quand il eſt parvenu au méridien de l'he-

mifphere inferieur : il fert à montrer la plus grande élevation du Soleil par-deffus l'horizon : il fert encore à faire
connoître l'élevation du pole, qui n'eft autre chofe que
l'arc du méridien, compris entre le pole du monde &
l'horizon.

L'équateur eft le plus grand cercle de la Sphere éloigné de 90 degrez des poles du monde, & qui s'appelle
équateur, parce que quand le Soleil fe trouve dans ce
cercle il y a équinoxe par toute la terre, c'eft-à-dire égalité de nuit & de jour : il divife le monde en deux parties
égales, celle où eft le pole artique s'appelle feptentrionale
ou boreale, ou la partie du Nord. L'autre fe nomme méridionale ou auftrale, ou la partie du Sud.

Le mouvement de l'équateur eft la mefure du tems durant l'efpace d'une heure : 15 degrez de l'équateur mon-
tent à l'Orient fur l'horizon, & 15 defcendent deffous à
l'Occident ; ainfi en quatre minutes de tems il paffe un
degré de l'équateur.

L'équateur fert à reconnoître la pofition de la Sphere
fuivant la rapport qu'il a avec l'horizon ; comme l'équateur peut être placé à l'égard de l'horizon en trois manieres, auffi y a-t-il trois pofitions de la Sphere, ou ce qui eft
là même chofe, trois fortes de Spheres.

1°. La droite, où l'équateur fait avec l'horizon des
angles droits.

2°. L'oblique, où l'équateur fait avec l'horizon des angles obliques.

3°. La parallele, où l'équateur & l'horizon font paralleles.

Le Zodiaque eft un grand cercle oblique qui contient
les douze fignes, ou conftellations que le Soleil parcourt
en une année, & au milieu duquel il y a une ligne divifée en 360 degrez, qu'on appelle écliptique ; parce que
quand le Soleil & la lune s'y trouvent en conjonction, il
y a éclipfe de Soleil, & lors que ces deux aftres y font oppofez, il y a éclipfe de lune.

ẽ ij

Il eſt diviſé en deux moitiez par l'équateur, la partie qui eſt du côté ſeptentrional de la Sphere s'appelle ſeptentrionale, & les ſix ſignes qu'elle contient ſont auſſi nommez ſeptentrionaux; ſçavoir le Belier ♈, le Taureau ♉, les Jumeaux ♊, l'Ecreviſſe ♋, le Lion ♌, la Vierge ♍, & la partie du Zodiaque qui eſt du côté méridional de la Sphere, s'appelle méridionale, & les ſix ſignes qu'elle contient ſont pareillement nommez méridionaux; à ſçavoir la Balance ♎, le Scorpion ♏, le Sagitaire ♐, le Capricorne ♑, le Verſeau ♒, & les Poiſſons ♓.

Les deux collures ſont deux grands cercles qui ſe coupent à angles droits aux poles du monde, l'un s'appelle le collure des équinoxes, parce qu'il coupe l'équateur & l'écliptique aux premiers points du Belier & de la balance où ſe font les équinoxes.

L'autre ſe nomme le collure des ſoltices, parce qu'il coupe l'écliptique & les torpiques aux premiers point de l'Ecreviſſe & du Capricorne où ſe font les ſoltices.

Le mot de ſoltice vient de ce que le Soleil ne va pas au-delà des torpiques, & quand il eſt parvenu à l'un il retourne pour aller à l'autre.

Les deux collures ſervent à couper l'écliptique en quatre parties égales, & à marquer les 4 points où ſe font les équinoxes du Printemps & de l'Autone, & les ſoltices de l'Eté & de l'Hyver, & au commencement les 4 ſaiſons de l'année.

Au premier point du Belier ſe fait l'équinoxe du Printemps vers le 21 Mars, & les 3 ſignes que le Soleil parcourt durant les trois mois du Printemps ſont, ♈, ♉, ♊.

Au premier point de l'Ecreviſſe ſe fait le ſoltice d'Eté vers le 21 de Juin; & les trois ſignes que le Soleil parcourt durant les trois mois de l'Eté ſont, ♋, ♌, ♍.

Au premier point de la Balance ſe fait l'équinoxe de l'Autone, vers le 23. Septembre, & les trois ſignes que le Soleil parcourt durant les trois mois d'Autone ſont, ♎, ♏, ♐.

Au premier point du Capricorne se fait le soltice de l'Hyver, vers le 22. Decembre, & les trois signes que le Soleil parcourt durant les trois mois de l'Hyver sont, ♑, ♒, ♓.

Les deux tropiques sont deux petits cercles éloignez de l'équateur de 23 degrez & demi. Le tropique de l'Ecrevisse est dans la partie septentrionale du monde, & le tropique du Capricorne du côté de la partie méridionale. Le Soleil ne va jamais au-delà des points solsticiaux.

Les deux cercles polaires; sçavoir l'artique & l'antartique sont conçus être décrits dans le Ciel par les poles du Zodiaque autour des poles du monde; ils sont éloignez des poles de 23 degrez & demi, autant que les tropiques le sont de l'équateur.

Les poles du monde sont deux points dans la superficie du Ciel qui ne décrivent point de cercles, & qui sont les deux extrêmitez d'une ligne droite qui passe par le centre de la terre, & que l'on nomme axe du monde: ce point qui est dans la partie du Ciel que nous voyons s'appelle le pole artique, & l'autre que nous ne voyons pas, le pole antartique.

Chaque cercle de la Sphere se divise en 360 degrez, & chaque degré en 60 minutes, chaque minute en 60 secondes.

Applications de la Sphere aux discours précedens.
Planche 44. figure 80.

L A Sphere ordinaire qu'on représente dans la figure 80 est composée de plusieurs cercles, & d'un axe ou diametre P O, qui porte dans son milieu une petite boule qui représente la terre, & qu'on suppose au centre de la Sphere: tous les cercles, hormis deux, tournent autour de l'axe P O, les extrêmitez P O de l'axe qui sont des points immobiles dans le Ciel sont appellez poles du monde; l'un marqué P est le septentrional ou boreal, qui

eſt celui que nous voyons ſur nôtre horizon ; l'autre marqué O , eſt le pole méridional ou auſtral qui eſt toûjours
caché ſous l'horizon.

Les ſix grands cercles ſont l'horizon C D , le méridien,
P C. O D , qui porte les poles P O , l'équateur H B G ,
la ligne écliptique E N qui eſt au milieu d'une bande qui
envelope la Sphere, & qu'on appelle le Zodiaque qui a
16 degrez de largeur : on marque ordinairement ſur cette
bande les 12 ſignes celeſtes. Des deux collures, nous n'en
diſtinguons ici qu'un ; ſçavoir A F. I M , d'autant que l'autre eſt dans le plan du méridien , & paſſent auſſi tous d'eux
par les poles O P ; on en met quatre petits, ſçavoir les
deux tropique S T , & les deux polaires K L , Q R , qui
ſont tous quatre parallels à l'équateur.

L'horizon C D eſt un grand cercle qui eſt également
éloigné de tous côtez du zenit Z , ou point vertical de
quelque lieu.

On appelle nadir le point V oppoſé au zenit , dont
l'horizon eſt auſſi également éloigné de tous côtez : ſi le
zenit d'un lieu eſt placé au nadir d'un autre , il aura même
horizon.

Le méridien eſt un grand cercle qui paſſe par les poles
P O , par le zenit Z , & par le nadir V : par conſequent ce
cercle coupe à angles droits l'horizon C D : ſon uſage eſt
de marquer le milieu du tems que le Soleil demeure ſur
l'horizon , & le point le plus haut où il eſt élevé : il divi-
ſe la Sphere en orientale & occidentale ; on l'appelle méridien à cauſe qu'il eſt Midi quand le Soleil le touche.

L'horizon & le méridien ſont des cercles que l'on doit
conſiderer comme immobiles dans la Sphere , & qui ſont
propres pour chaque lieu , pendant que les autres cercles
font leur révolution journaliere ſur l'axe du monde.

L'équateur H B G eſt un grand cercle également éloigné de tous côtez des deux poles P O ; il eſt poſé à angles droits avec le méridien , & ſur l'axe P O , on l'appelle équateur à cauſe que le jour eſt égal à la nuit quand le

Soleil s'y rencontre, ce qui arrive deux fois l'année ; fçavoir environ le 20 Mars, & le 22 Septembre.

Ce cercle eft d'un tres-grand ufage dans la conftruction
des Cadrans : car on y marque les premieres divifions des
heures & de leurs parties.

La ligne écliptique E N a pris ce nom des éclipfes du
Soleil & de la lune, à caufe que la lune s'y doit trouver,
ou fort proche pour faire éclipfe, & fert à faire voir le
chemin que le Soleil parcourt pendant l'année, ne l'a-
bandonnant jamais.

L'on divife ce cercle (qu'on appelle communément le
Zodiaque) en 12 fignes égaux qui contiennent chacun
30 degrez, & on commence la divifion à l'équinoxe du
Printemps, où le Soleil étant arrivé paffe dans la partie
feptentrionale de la Sphere, & va d'Occident en Orient,
ce qui eft felon l'ordre des fignes qui fuivent, ♈, ♉, ♊,
♋, ♌, ♍ : ♎, ♏, ♐, ♑, ♒, ♓ : les fix premiers font
feptentrionaux, & les fix autres méridionaux.

Les deux collures font deux grands cercles qu'on peut
appeller horaires ou méridiens ; l'un eft A I, M F, eft ap-
pellé le collure des équinoxes à caufe qu'il paffe par les
points des équinoxes ; & l'autre L K, V R H, le collure
des folftices à caufe qu'il paffe par les points des folftices,
comme on voit en Cancer & Capricorne : celui-ci eft placé dans cette figure fous le méridien.

Les deux tropiques T S, fervent à faire connoître le
mouvement ou le chemin du Soleil dans les folftices.

Et les deux polaires L K Q R, font voir le mouvement
des poles du Zodiaque, qui font deux points fur la Sphere également éloignez de tous côtez de la ligne écliptique.

Ces quatre petits cercles n'ont ufage que dans la Geographie.

Les cercles qui paffent par la ligne verticale, & par
confequent par le zenit Z, & par le nadir V, & qui font
perpendiculaires à l'horizon, font appellez verticaux ou

azimuths ; ils fervent à mefurer la hauteur du Soleil fur l'horizon par des arcs, des cercles depuis l'horizon, &c.

La Sphere eft d'un grand ufage dans la fcience de la Geographie & des Cadrans ; les principaux cercles dont on fe fert dans la conftruction defdits Cadrans, font l'horizon, l'équateur, & les cercles horaires, entre lefquels le méridien du plan & celui du lieu font les principaux, & ces cercles étant du nombre de ceux qu'on appelle grands; leurs plans paffent par le centre du monde, & leur projection fait de ce centre comme fi toutes les lignes de la projection y aboutiffoient.

Cette projection fera une ligne droite : la projection des petits cercles de la Sphere étant faite de fon centre fur quelque plan, ne fera pas une ligne droite à caufe que le plan de ces cercles ne paffe pas par le centre de la Sphere ; mais ce fera une des fections d'un cône, dont le fommet eft le centre de la Sphere, & la baze eft le cercle dont on fait la projection ; c'eft ce que nous voyons dans les Cadrans par les arcs des fignes qui font en lignes courbes.

Applications de ces points, lignes & cercles au Globe Terreftre.

COmme l'on tranfporte par analogie la plûpart de toutes ces chofes fur la furface de la terre, les Mathematiciens les ont auffi décrites fur le globe terreftre qui eft l'image de la terre.

Ainfi quand on a bien reconnu par le moyen de la fphere le lieu du monde que la terre occupe, il faut obferver qu'elle eft ronde, que le Soleil tourne, ou femble tourner à l'entour en 24 heures, & que ce grand luminaire porte le jour du côté qu'il eft, pendant que la nuit regne au côté oppofé : cela fait, il en faut venir au globe terreftre, parce qu'il eft tres propre à former dans l'imagination une jufte idée de la terre, & qu'il importe extrêmement d'en avoir dans l'efprit une image fidelle.

Il faut commencer par chercher fur le globe les points, les lignes & les cercles qu'il emprunte de la Sphere, à fça-voir, 1°. les quatre points cardinaux du monde, qui font d'ordinaire marquez fur le plan de l'horizon, (fçavoir, l'Orient, l'Occident, le Midi, & le Septentrion.) 2°. Les deux poles de la terre qui font les deux points qui termi-nent fon axe. 3°. L'axe de la terre qui eft une partie de l'axe du monde comprife dans le corps de la terre. 4°. La ligne équinoxiale (c'eft l'équateur de la terre) ou fimple-ment ce qu'on appelle la ligne qui eft un grand cercle que l'on conçoit fur la furface de la terre vis à vis l'équateur du Ciel.

5°. Les cercles de latitude terreftre qui font plufieurs cercles que l'on conçoit fur la fuperficie de la terre , pa-ralleles à la ligne équinoxiale ; s'ils étoient tous décrits fur le globe ou fur les cartes de Geographie , ils montre-roient la latitude des villes par où ils pafferoient , puif-que la latitude d'une ville eft fon éloignement du depuis la ligne ou l'arc du méridien du lieu , comprife entre l'é-quateur & le lieu propofé.

Il y a des cercles de latitude de part & d'autre de la ligne, & ils diminuent à mefure qu'ils approchent prés des poles ; pour éviter la confufion , les Geographes ne les ont marquez que de 10 en 10 degrez.

Le méridien eft d'ordinaire un grand cercle de cuivre qui paffe par les poles de la terre & qui coupe l'horizon au Nord & au Sud : mais outre ce méridien il y en a 360 qu'on appelle cercles de longitude , que l'on conçoit paffer par les poles de la terre , & par tout les degrez de la ligne équinoxiale , & comme chaque degré contient 60 minutes , on peut dire que chaque degré fe peut divifer en 60 méridiens : ainfi il peut y avoir 21600 méridiens; mais comme ils feroient de la confufion s'ils étoient tous marquez fur le globe ou fur les cartes geographiques, on fe contente de les tracer de 10 en 10 degrez , & la coûtu-me a voulu qu'on les comptaft d'Occident en Orient.

i.

Entre les méridiens terreſtres il y en a un que les Geographes nomment le premier. L'on ſuit en France le choix de Ptolomée, & l'on prend pour premier méridien celui de l'Iſle de Fer, qui eſt l'une des Canaries.

Enfin pour achever l'analogie entre le Ciel & la terre, il faut obſerver que comme les deux tropiques & les deux cercles polaires diviſent le Ciel en cinq parties, ils font la même choſe à l'égard de la terre, ils partagent pareillement en cinq parties ce qu'on appelle les cinq zones; ſçavoir une toride, qui eſt compriſe entre les deux tropiques & les cercles polaires : deux froides, chacune deſquelles eſt compriſe par un cercle polaire, &c.

L'on peut comprendre, comme il peut y avoir des Villes tout autour de la terre, & que s'il y avoit des habitans dans la nouvelle Zelande, ils feroient les Antipodes de la France, & auroient les pieds contre les nôtres.

A cette occaſion je rapporteray ici une affaire qui ſe paſſa en Allemagne dans le huitiéme ſiecle, qui ne montre que trop combien les eſprits, même les ſçavans, étoient éloignéz de croire qu'il y eut des Antipodes. Vers l'an 745, Virgilius Evêque de Salzbourg dit qu'il y avoit des Antipodes, il s'en étoit même expliqué dans le monde; mais cette nouveauté parut ſi étrange & ſi dangereuſe, que Boniface Evêque de Mayence ſe déclara ouvertement contre Virgilius, qui fut accuſé d'hereſie ſur ce point devant le Pape Zacharie. L'hiſtoire de Baviere dit que le Roy de Bohéme connut de ce differend en premiere inſtance : que les Parties ſe pourvûrent enſuite par appel à Rome, & qu'enfin Virgilius fut condamné comme heretique, parce qu'il croyoit des Antipodes. *Aventin. lib.* 3. *Bavaric.*

L'on n'eſt plus dans ce tems d'ignorance, l'expérience qui eſt un des meilleurs fondemens de la Geographie a fait connoître aux hommes depuis plus de 200 ans, que la terre eſt ronde, & qu'on en fait le tour facilement par mer en moins de trois ans.

OBSERVATIONS.

Quand l'on veut orienter le Globe Terreftre, & le placer de maniere que les quatre points cardinaux répondent aux quatre points cardinaux du monde, on fe fert de la boufole, dont on met la ligne du Midi parallele au méridien du globe que l'on tourne jufques à ce que l'éguille aimantée réponde éxactement fur le lieu de la varieté de l'aimant.

On fait la même chofe fur une mappemonde ou fur toute autre Carte Geographique lors qu'on la veut orienter.

Il faut prendre garde que dans toutes les cartes que l'on fait aujourd'huy, le Nord eft au haut de la carte, le Sud en bas, l'Eft à main droite, & l'Oüeft à la gauche.

DE L'USAGE DU GLOBE.

PROBLEME I.

Trouver la longitude & la latitude d'un lieu marqué fur le Globe Terreftre.

Ayant donné au globe telle fituation qu'il vous plaira, tournez-le autour des deux poles jufques à ce que le lieu propofé foit fous le méridien immobile, & alors l'arc de ce méridien compris entre l'équateur & le lieu propofé, fera la latitude qu'on cherche, & l'arc de l'équateur compris entre le premier méridien, & le méridien immobile fera connoître la longitude que l'on cherche.

Si vous voulez connoître cette longitude & heures, placez le lieu propofé fous le méridien immobile, & ayant arrêté l'éguille du Cadran fur 12 heures, tournez le globe vers l'Orient, jufques à ce que le premier méridien foit fous le méridien immobile, & alors le bout de l'éguille montrera en heures ou en parties d'heures la longitude qu'on demande.

PROBLEME II.

*Trouver fur le Globe Terreftre le plan d'un lieu de la terre,
dont on connoît la longitude & la latitude.*

POur placer fur le Globe Terreftre, par exemple
Paris, dont la longitude eft de 20 degrez & la latitude de 49, ayant donné au globe telle fituation qu'il
vous plaira, tournez-le jufques à ce que le 20ᵉ degré de
l'équateur en le comptant, le premier méridien réponde
fous le méridien immobile, & comptez le long de ce méridien 49 degrez depuis l'équateur vers le pole feptentrional, parce que la latitude de Paris eft feptentrionale, &
vous aurez fur le globe le vray lieu de Paris, & ainfi des
autres lieux.

PROBLEME III.

*Trouver la diftance de deux lieux de la terre marquez
fur le Globe.*

PRenez pour le mieux avec un compas fpherique la
diftance de deux lieux marquez fur le globe, & portez l'ouverture du compas fur le premier méridien ou fur
l'équateur, & les degrez qui fe trouveront compris dans
cette ouverture étant réduits en lieuës, feront connoître
la diftance que l'on cherche.

Ces lieuës fe trouveront en multipliant le nombre de
degrez par 20, parce qu'un degré d'un grand cercle de
la terre eft de 20 lieuës de marine.

PROBLEME IV.

Difposer le Globe dans la fituation du monde.

AYant pofé le pied du Globe Terreftre fur un plan horizontal, en forte que l'éguille aimentée de la petite boufole qui fe place ordinairement au pied du globe, foit directement fur le lieu de la varieté de l'aimant, aprés avoir mis la ligne Nord & Sud de ladite boufole parallele au méridien, & que le pole méridional regarde le Midi, & le feptentrional le Septentrion. Elevez le pole du globe fur l'horizon du même globe, jufques à ce que l'arc du méridien compris entre le pole & l'horizon foit égal à la latitude du lieu où vous êtes, & alors le globe aura la fituation que le problême demande.

Si vous mettez le lieu où vous êtes qui eft marqué fur la furface du Globe Terreftre fous le méridien immobile, vous connoîtrez par cette fituation, fur la furface du même globe, comment tous les païs d'alentour font fituez à l'égard du lieu où vous êtes ; & fi le globe eft expofé au Soleil, dans cette fituation, vous connoîtrez tous les lieux de la terre où il eft jour dans ce tems, & ceux où il eft nuit ; & même l'heure qu'il eft au lieu où vous êtes ; en mettant l'éguille du Cadran fur Midy, & en mettant fous le méridien immobile le point de l'équateur où le globe ceffe d'être éclairé du Soleil : car alors la même éguille vous montrera de combien d'heures le Soleil eft éloigné du méridien.

PROBLEME V.

Trouver le lieu du Soleil dans le Zodiaque en un jour donné.

PAr ce que fur l'horizon du Globe Terreftre tous les jours de l'année avec les mois y font marquez, & vis à vis tous les degrez de l'écliptique avec les lignes, conformément aux jours que le Soleil entre dans ces fignes, il fera aifé de connoître par ce moyen le lieu du Soleil dans le Zodiaque en un jour propofé.

EXEMPLE.

Le 12 d'Avril ; car vis à vis du 12 d'Avril on voit fur l'horizon les 23 degrez du Belier pour le lieu du Soleil qu'on cherche.

Si au contraire, l'on vouloit fçavoir en quel jour de l'année le Soleil fera en quelque point du Zodiaque, par exemple au 23 d'Avril, il n'y a qu'à chercher fur l'horizon ce 23e degré, & vis à vis on trouvera le 12 d'Avril pour le jour que l'on cherche.

PROBLEME VI.

Trouver la déclinaifon du Soleil en tout tems de l'année.

POur trouver la déclinaifon du Soleil, par exemple le 12 d'Avril, ayant trouvé par le Problême 5e que le Soleil eft le 12 d'Avril au 23e degré du Belier : tournez le globe autour de ces deux poles jufques à ce que le 23e degré du Belier foit fous le méridien immobile, & alors l'arc de ce même méridien compris entre l'équateur & le lieu du Soleil, ou le 23e degré du Belier, donnera prefque 9 degrez pour la déclinaifon qu'on cherche.

L'on aura en même tems la hauteur méridienne du

Soleil pour ce jour là, parce qu'elle eſt égale à l'arc du même méridien, compris entre le lieu du Soleil & l'horizon; mais il faut que le pole du globe ſoit élevé ſur l'horizon ſelon la latitude du lieu où l'on eſt, & alors en faiſant rouler le globe autour de ces deux poles, aprés avoir mis l'éguille du petit Cadran au point du Midi, le point du Soleil étant ſous ce méridien, le lieu du Soleil donnera de part & d'autre ſur l'horizon les points du lever & du coucher du Soleil pour ce même jour.

PROBLEME VII.

Trouver la hauteur du pole ſur l'horizon par le moyen du Globe Celeſte.

SI l'Etoile polaire étoit directement au pole du monde, l'on n'auroit qu'à prendre ſa hauteur avec quelque inſtrument, & élever le pole dudit globe ſur l'horizon; mais n'y étant pas préciſément, décrivant autour dudit pole qui nous eſt inviſible un cercle éloigné de ce point de deux degrez & demi, on prendra dans le Ciel avec quelque inſtrument la hauteur de quelque étoile d'autour du pole qui ne ſe couche point, lors qu'elle ſera dans le plan du méridien, & mettre l'étoile ſous le méridien immobile; en ſorte que ſa hauteur ſur l'horizon du globe ſoit égale à celle qui a été trouvée, & alors le pole du globe ſe trouvera élevé ſur l'horizon conformément à la veritable hauteur du pole ſur l'horizon du lieu où l'on eſt.

DESCRIPTION

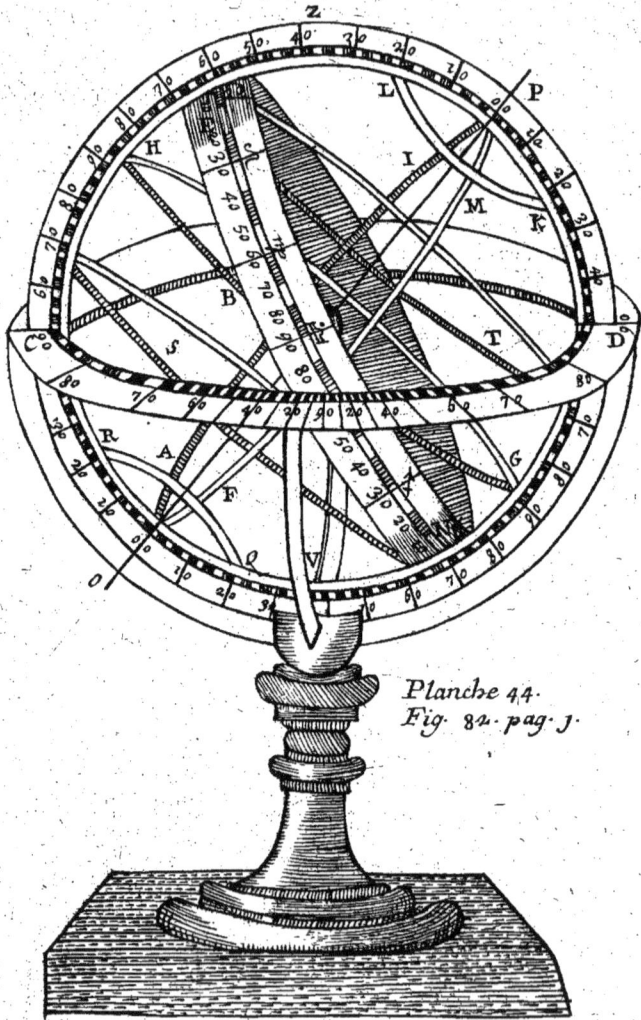

Planche 44.
Fig. 82. pag. 1.

DESCRIPTION
DE
LA REGLE HORAIRE
UNIVERSELLE.

Planche premiere, Figure premiere.

E Cercle Equateur est divisé en douze parties égales, étant coupé par un plan qui passe hors du centre. La commune section est une ligne droite divisée en parties inégales, à laquelle l'on donne le nom de ligne horaire universelle, par rapport aux usages que l'on verra dans la suite. *Figure premiere.*

Cette ligne A B qui est tracée le long du bord d'une regle de métail, porte les projections ou points horaires depuis VII. heures du matin jusques à V. heures du soir inclusivement, avec les demies heures & les quarts d'heures.

Au-dessous de cette ligne est une autre ligne C D, appellée centrale, parce qu'elle sert à déterminer la distance de la ligne horaire au centre des Cadrans en quelque endroit qu'on se trouve, depuis 25 degrez de latitude jusques à 65, qui suffisent.

La regle n'ayant pû être entierement occupée par ces deux lignes, a engagé d'en tracer deux autres plus bas

A

pour fervir à connoître l'heure au moyen de la Lune.

La ligne E F eſt diviſée en deux fois 15 parties égales pour les jours de la Lune, & la ligne G H en 24 parties egales pour les heures de la nuit.

De la Déclinaiſon des Plans & de l'Inſtrument qui ſert à la connoître. Planche 1. figure 2.

UN plan eſt ſans déclinaiſon, lors qu'il eſt tourné directement vers un des points cardinaux, comme le Méridional qui regarde le Sud; le Septentrional qui regarde le Nord; l'Oriental qui regarde l'Eſt, & l'Occidental qui regarde l'Oüeſt.

Mais un plan eſt déclinant quand il regarde obliquement deux des mêmes points; ainſi il y a le déclinant du Midy à l'Orient, qui regarde le Sud & l'Eſt; le déclinant du Midy à l'Occident qui regarde le Sud & l'Oüeſt; le déclinant du Septentrion à l'Orient qui regarde le Nord & l'Eſt; & le déclinant du Septentrion à l'Occident qui regarde le Nord & l'Oüeſt.

On ne ſçauroit tracer de Cadrans ſolaires ſur aucuns de ces plans ſans avoir connu auparavant quelle eſt leur expoſition, & de combien ils déclinent; mais les méthodes dont on ſe ſert pour cela étant fort embaraſſantes, particulierement celles où l'on employe des points d'ombres, j'ay penſé à une machine fort ſimple avec laquelle on déterminera facilement la déclinaiſon d'un plan, en connoiſſant ſeulement l'heure preſente.

Cet inſtrument que l'on nomme Cadran déclinatoire, eſt compoſé de deux platines de métal; la premiere qui ſert de baze eſt un quarré A B, C D, figure ſeconde, où eſt inſcrit un cercle diviſé en quatre quarts graduez pour ſervir aux déclinaiſons marquées ſur chacun d'iceux; ſçavoir le quart A D, pour les déclinaiſons du Midy à l'Orient; le quart A C, pour les déclinaiſons du Midy à l'Occident, le quart B D, pour les déclinaiſons du Septen-

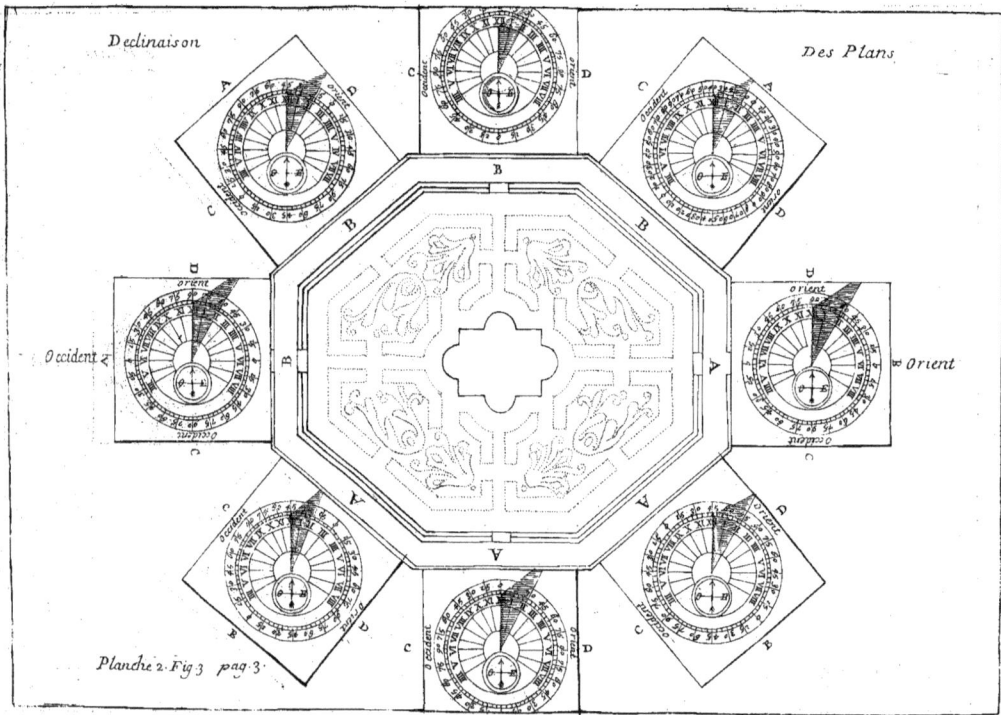

Declinaison

Des Plans

Occident

Orient

Planche 2. Fig 3 pag. 3

trion à l'Orient, & le quart B C, pour les déclinaifons du Septentrion à l'Occident.

La feconde platine eft ronde & mobile fur le centre de la premiere, en forte neanmoins qu'elle n'y peut faire qu'une demie révolution : elle porte un Cadran horizontal, figure o o, à l'axe duquel eft fufpendu un petit plomb pour mettre la machine à niveau, & une boufolle au fond de laquelle font marquez les degrez de la variation de l'éguille aimantée.

Cette piece porte fur fon bord deux petits index, l'un au point XII, qui parcourant le demi cercle C A D, marque les déclinaifons du Midi à l'Orient & à l'Occident, & l'autre index diametralement oppofé, & au pied de la boufolle, qui parcourant le demi cercle C B D, marque les déclinaifons du Septentrion à l'Orient & à l'Occident, La figure premiere reprefente le plan de la machine, & la figure o o fait voir fon élevation.

Connoître l'expofition de divers plans verticaux.
Planche 2. figure 3.

PAr exemple, ceux qui font élevez exterieurement fur les côtez de la figure octogonale 1. 3. 5. 7.

1°. Remarquez que l'éguille aimantée tend par fa pointe aux plans qui font expofez au Midi. 2°. Qu'elle tend par la queuë à ceux qui font expofez au Septentrion. 3°. Qu'elle eft paralelle du côté d'Orient aux plans orientaux ; & 4°. qu'elle eft parallele du côté d'Occident aux plans occidentaux.

Difpofez le Cadran horizontal de la machine fur fon cercle divifé ; en forte que les index de l'un répondent aux divifions O de l'autre.

Obfervez au Soleil l'heure prefente, foit avec un anneau aftronomique, ou avec le Cadran déclinatoire que vous poferez de niveau fur une ligne méridienne, ou bien que vous orienterez en tournant toute la machine jufques à ce que l'éguille aimantée réponde au degré connu de sa variation.

Obfervez encore que le côté A de l'inftrument doit être appliqué horizontalement fur les plans expofez au Midi & à l'Orient ou à l'Occident, & que le côté B doit être appliqué contre les plans expofez au Septentrion, à l'Occident & à l'Orient : cela fuppofé, prenez l'inftrument déclinatoire, & l'approchant indifferemment des plans verticaux en queftion, vous connoîtrez d'abord que par la difpofition de l'éguille aimantée, que les plans 8-1. 1-2. 2-3. font expofez au Midi, que le plan 3-4. regarde l'Orient, que les plans 4-5. 5-6. 6-7. font expofez au Septentrion, & que le plan 7-8 regarde l'Occident.

Maintenant en appliquant fur le plan 8-1. le côté A de l'inftrument, & tournant le Cadran en forte qu'il marque l'heure courante, on connoîtra que ce plan décline de 40. degrez du Midi à l'Occident, l'index XII marquant alors 40 degrez fur le quart de cercle, qui fert pour les déclinaifons du Midi à l'Occident.

En appliquant fur le plan 1-2. le côté A de l'inftrument, & faifant marquer l'heure fur le Cadran, on connoîtra que ce plan eft tourné droit au Midi, l'index XII tombant au point 0, qui ne marque aucune déclinaifon fur le demi cercle C A D.

En appliquant fur le plan 2-3. le côté A de l'inftrument, & faifant marquer l'heure fur le Cadran, on connoîtra que ce plan décline du Midi à l'Orient de 40 degrez, l'index XII marquant 40 fur le quart de cercle A D, qui fert pour les déclinaifons du Midi à l'Orient.

En appliquant fur le plan 3-4. le côté A de l'inftrument, & faifant marquer l'heure fur le Cadran, on connoîtra que ce plan eft tourné droit à l'Orient, l'index XII tombant fur le point oriental.

En appliquant fur le plan 4-5. le côté B de l'inftrument, & faifant marquer l'heure fur le Cadran, on connoîtra que ce plan décline du Septentrion à l'Occident de 40 degrez, l'index de la boufolle tombant fur le point 40 du quart de cercle B D, qui fert pour les déclinaifons du Septentrion à l'Orient.

En appliquant fur le plan 5-6. le côté B de l'inftrument, & faifant marquer l'heure fur le Cadran, on connoîtra que ce plan eft tourné directement au Septentrion, l'index de la boufolle tombant au point o, qui ne marque aucune déclinaifon fur le demi cercle C B D.

En appliquant fur le plan 6-7. le côté B. de l'inftrument, & faifant marquer l'heure fur le Cadran, on connoîtra que ce plan eft déclinant de 40 degrez du Septentrion à l'Occident, l'index de la boufolle tombant au point 40 du quart de cercle B C, qui fert pour les déclinaifons du Septentrion à l'Occident.

Enfin on connoîtra de la même maniere que le plan 7-8. eft tourné droit à l'Orient, l'index de la boufolle tombant fur le point occidental.

Tracer un Cadran horizontal pour une latitude proposée de 49 degrez pour Paris & fes environs.
Planche 3. figure 4.

TRacez la méridienne A B, & l'équinoxiale C D, fe coupant à angles droits au point 12. Pofez le bord divifé de la regle horaire fur C D, les points X I I. 12. convenant l'un fur l'autre. Arrêtez la regle dans cette fituation, & marquez fur C D, les points 7. 8. 9. 10. 11 : I. 2. 3. 4. 5. vis à vis de ceux VII. VIII. IX. X. XI : I. II. III. IIII. V. de la regle. Levez la regle & prenez fur la ligne centrale l'intervale E F de 49 degrez de latitude donnée ; portez cet intervale fur la méridienne en 12 B.

Du point B, qui fera le centre du Cadran, & par les divifions C D, tracez les lignes horaires depuis 7. heures du matin jufques à 5 heures du foir.

Par le point B, tracez la ligne de 6. heures parallele

A iij

à C D. Prolongez au-delà du centre B les lignes de 4 &
5 heures du foir, pour avoir celles de 4 & 5 du matin.
Comme auſſi les lignes de 7 & 8 heures du matin, pour
avoir celles de 7 & 8 heures du foir.

Au point B fur A B, faites l'angle A B G de 49 degrez;
taillez un ſtile ſelon cet angle & le fixez fur A B perpendiculairement au plan du Cadran, le ſommet de l'angle
répondant au cendre B.

Les heures du matin ſont vers l'Oüeſt, celles du foir
vers l'Eſt, le centre du Cadran vers le Sud, & B G s'é-
leve vers le pole ſeptentrional.

Tracer un vertical méridional pour Paris & ſes environs.
Figure 5. planche 3.

Tirez à plomb la méridienne A B, & de niveau l'é-
quinoxiale C D, ſe coupant au point 12. Poſez le
bord diviſé de la regle horaire fur C D, les points XII.
12. convenant l'un ſur l'autre ; arrêtez la regle dans cette
ſituation, & marquez fur C D, 7. 8. 9. 10. 11: 1. 2. 3. 4. 5.
vis à vis de ceux VII. VIII. IX. X. XI : I. II. III. IIII. V.
de la regle, ôtez la regle, prenez fur la ligne centrale
l'intervalle E F, de 41 degrez, complement à 90 degrez
de latitude donnée de 49 degrez ; portez cet intervalle
ſur la méridionale en 12 A.

Du point A, qui ſera le centre du Cadran, & par les
diviſions de C D, tracez les lignes horaires depuis 7 heures du matin juſques à 5 heures du foir.

Par le point A, tracez la ligne de ſix heures parallele
à C D, au point A fur B A ; faites l'angle A B G de 41
degrez.

Taillez un ſtile ſelon cet angle, & le fixez fur B A d'é-
querre au plan du Cadran, le ſommet de l'angle tombant au centre A.

Les heures du matin ſont vers l'Oüeſt, celles du foir
vers l'Eſt, le centre du Cadran vers le Zenit, & l'axe s'a-
baiſſant vers le pole auſtral.

Tracer un Cadran vertical septentrional pour 49 degrez.
Planche 3. figure 6.

Tirez la ligne à plomb A B & de niveau l'équinoxiale C D, s'entre-coupant au point 12. Posez le
bord divisé de la regle horaire sur C D, les points XII.
12. convenant l'un sur l'autre. Arrêtez la regle dans cette
situation & marquez sur C D les points 5. 4. 8. 7. vis à
vis de ceux VII. VIII. IIII. V. de la regle; ôtez la regle,
prenez sur la ligne centrale l'intervale E F, de 41 degrez
complement à 90 degrez de latitude de 49. Portez cet
intervale sur la ligne de minuit en 12 B. Par le point B
qui sera le centre du Cadran, & par les divisions de C D
tracez les lignes horaires depuis 4 jusques à 8 heures du
matin, & depuis 4 jusques à 8 heures du soir.

Par le même point B, tracez aussi la ligne de 6 heures
parallele à C D, au point B sur A B faites l'angle A B G
de 41 degrez.

Taillez un stile ou axe selon cet angle, & le fixez sur
A B d'équierre au plan du Cadran, la pointe de l'angle
tombant au centre B.

Tracer un Cadran vertical oriental pour 49 degrez de la-
titude. Planche 4. figure 7.

Racez une ligne horizontale A B, sur laquelle marquez à volonté le point de 6 heures, par ce point
tirez la ligne C D de 6 heures, faisant à droit sur A B
l'angle B 6 C de 49 degrez latitude donnée. Par le même point de 6 tirez la ligne équinoxiale E F perpendiculaire à C D, ou faisant avec A B l'angle B C F de 41 degrez complement à 90 degrez de l'angle B 6 C.

Posez le bord divisé de la regle horaire sur E F, les
points XII 6 convenant l'un sur l'autre; arrêtez la regle
dans cette situation, & marquez sur E F les points 4. 5:

7. 8. 9. 10. 11. correſpondans à ceux X. XI : I. II. III. IIII.
V. de la regle; levez cette regle, & par les diviſions de
E F, tracez parallelement à C D les lignes horaires depuis 4 heures du matin juſques à 11 heures. Ce Cadran
n'a point de centre, ſon ſtile eſt une lame 6 H G, dont
la hauteur égale l'intervalle des lignes de 6 à 9 heures;
on le poſe ſur la ligne de 6 heures & d'équerre au plan du
Cadran. L'extrêmité ſuperieure de l'axe G H tend au
pole boreal, & l'inferieure au pole auſtral.

Tracer un Cadran vertical occidental pour 49 degrez de la-
titude. Planche 4. figure 8.

Racez une ligne horizontale A B, ſur laquelle marquez à volonté le point 6 ; par ce point tirez la ligne C D de 6 heures, faiſant à gauche ſur A B l'angle
B 6 C de 49 degrez latitude donnée. Par le même point
6, tirez l'équinoxiale E F perpendiculaire à C D, ou faiſant avec A B l'angle B 6 F de 41 degrez complement à
90 degrez de l'angle B 6 C. Poſez le bord diviſé de la
regle horaire ſur E F, les points XII. 6 convenant l'un
ſur l'autre.

Arrêtez la regle dans cette ſituation & marquez ſur
E F les points 1. 2. 3. 4. 5 : 7. 8. correſpondans à ceux VII.
VIII. IX. X. XI : I. II. de la regle, ôtez cette regle &
par les diviſions de E F, tracez parallelement à C D les
lignes horaires depuis une heure juſques à huit heures du
ſoir.

Ce Cadran n'a point de centre, ſon ſtile eſt une lame
6 H G, dont la hauteur eſt l'intervalle des lignes de 6 à
3 heures: on le poſe ſur la ligne de 6 heures & d'équierre
au plan du Cadran.

Décrire

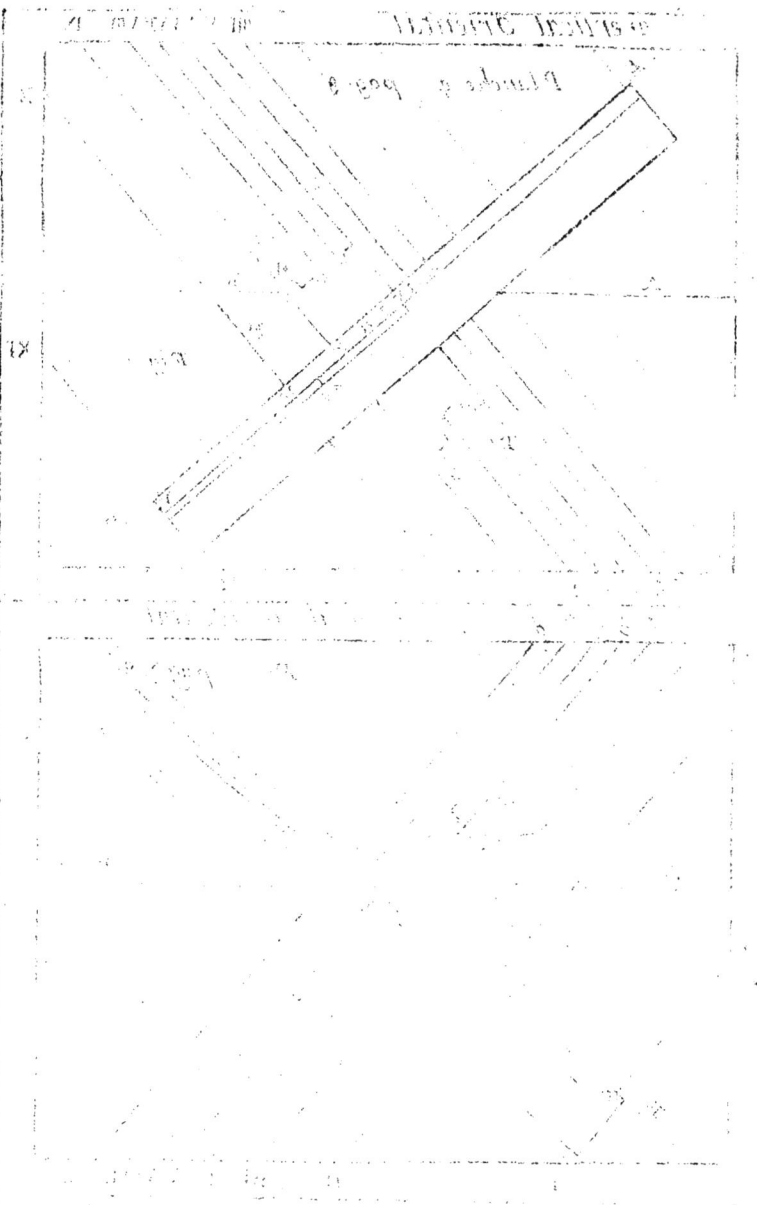

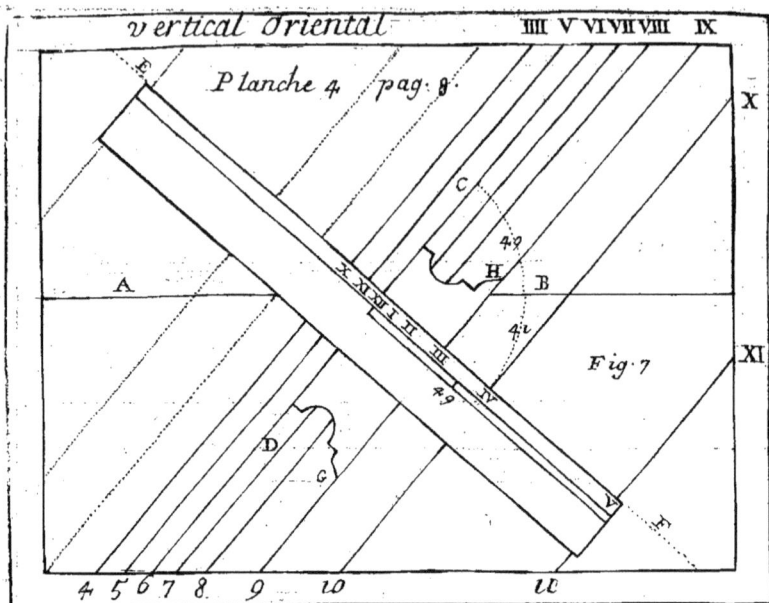

Vertical Oriental

Planche 4. pag. 8.

Fig. 7

IIII V VI VII VIII IX

X

XI

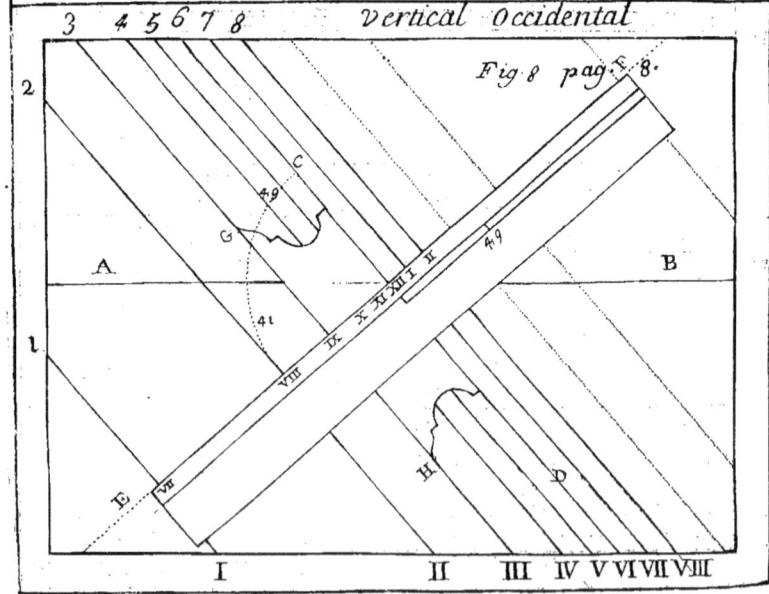

Vertical Occidental

Fig. 8 pag. 8.

I II III IV V VI VII VIII

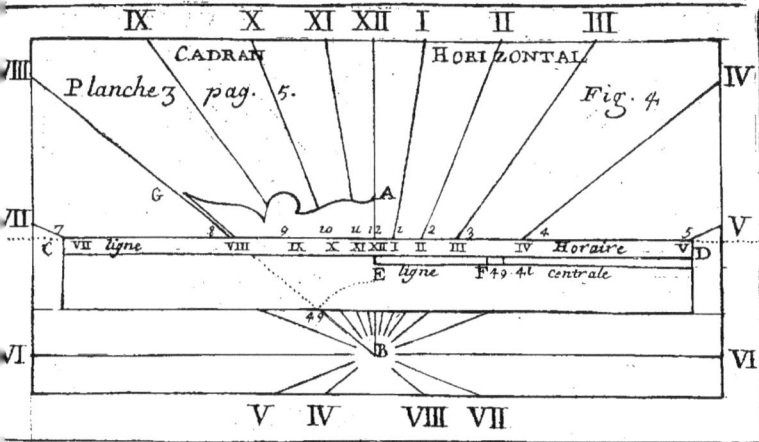

IX   X   XI XII I   II   III

CADRAN   HORIZONTAL

VIII   Planche 3 pag. 5.   Fig. 4.   IV

VII   G   A   V

C   VII ligne   VIII   IX X XIXII I II III   IV   Horaire   V D

E ligne   F 49 4l centrale

VI   B   VI

V   IV   VIII VII

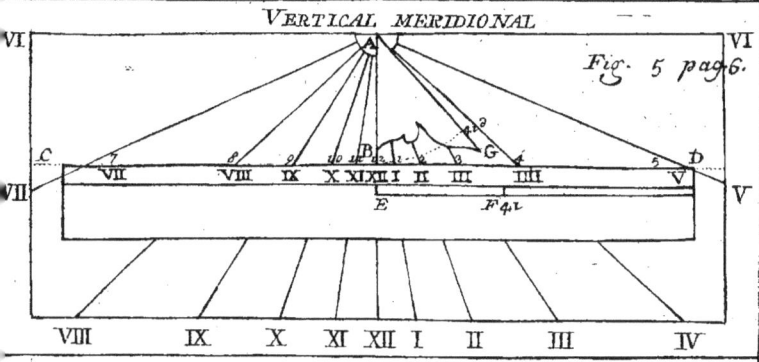

VERTICAL MERIDIONAL

A

Fig. 5 pag 6.

C   B   G   D

VII   VII   VIII   IX   X XIXII I II III   IIII   V   V

E   F 4l

VIII   IX   X   XI XII I   II   III   IV

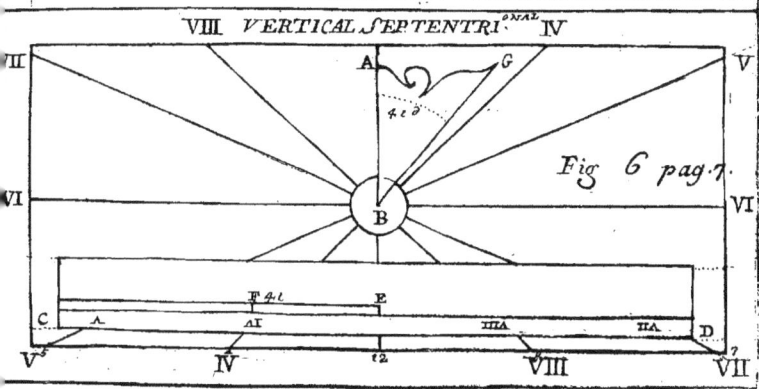

VIII   VERTICAL SEPTENTRIONAL   IV

A   G

Fig 6 pag. 7.

VII   V

VI   B   VI

F 4l   E

C   A   AI   IIIA   IIA   D

V   IV   t2   VIII   VII

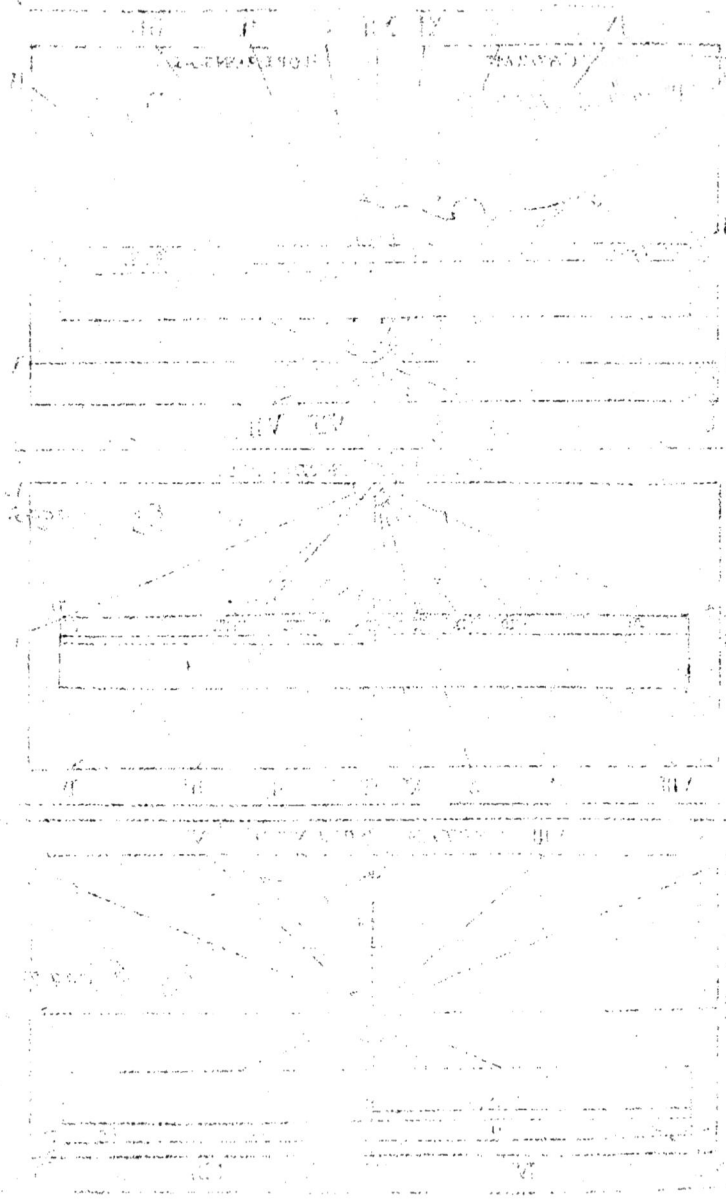

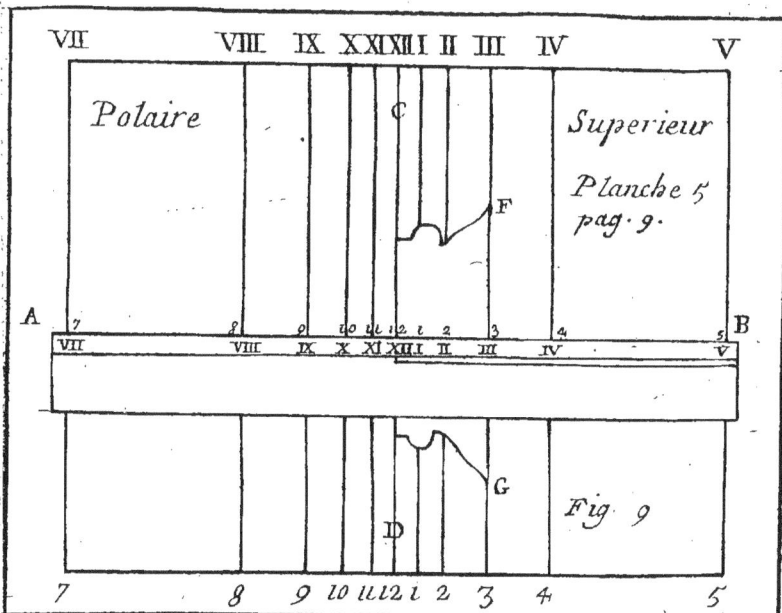

Polaire

C

F

Superieur

Planche 5
pag. 9.

VII VIII IX XXIXII I II III IV V

A   B

VII VIII IX X XI XII I II III IV V

G

D

Fig. 9

7   8   9 10 11 12 1 2   3   4   5

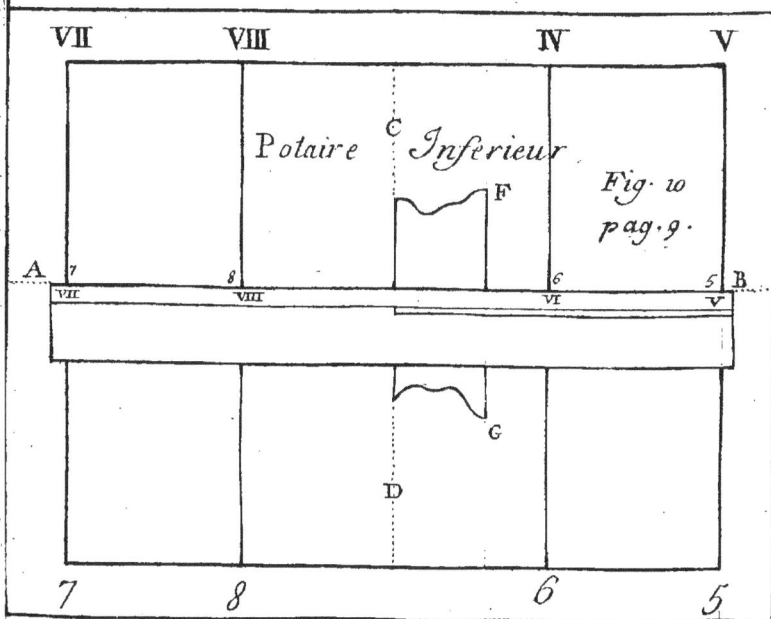

VII VIII IV V

C Polaire Inferieur

F

Fig. 10
pag. 9.

A   B

VII VIII VI V

G

D

7   8   6   5

Décrire un Cadran polaire superieur. **Planche** 5.
figure 9.

TRacez à niveau l'équinoxiale A B, & perpendiculairement à icelle la méridienne C D, s'entre-coupant au point 12. Posez sur A B le bord divisé de la regle horaire, les points XII. 12. tombant l'un sur l'autre ;
marquez sur A B les points 7. 8. 9. 10. 11 : 1. 2. 3. 4. 5.
vis à vis de ceux VII. VIII. IX. X. XI : I. II. III. IIII. V.
de la regle : levez cette regle, & par les divisions A B
tracez parallelement à C D autant de lignes horaires,
pour servir au plus pendant les équinoxes, depuis 6 heures du matin jusques à 6 heures du soir exclusivement, le
Soleil étant alors dans le plan du Cadran ; les heures du
matin sont à main gauche, & celles du soir à droit. Pour
avoir le stile faites tailler une lame de métail 12. F G,
dont la hauteur terminée par deux lignes paralleles soit
égale à l'intervale des lignes depuis 12 jusques à 3, ou de
9 jusques à 12 ; fixez cette lame sur C D, & d'équerre au
plan du Cadran, afin que l'axe F G soit parallele à l'axe
du monde, de même que le plan, & toutes les lignes horaires ; ou bien élevez perpendiculairement sur quelque
point de C D un stile droit, dont la pointe réponde à
l'axe F G.

Le plan de ce Cadran est perpendiculaire à l'équateur
& tourné vers le Ciel.

Décrire un Cadran polaire inferieur. **Planche** 5.
figure 10.

CE Cadran ne differe en rien du polaire superieur,
pour ce qui regarde sa construction : le stile sera de
la même grandeur ; mais ne portera pas tant d'heures,
c'est-à-dire, qu'il ne marquera l'heure que depuis 6 heures exclusivement jusques à 8 heures du matin, & depuis

B

4 heures du foir jufques à 6 heures exclufivement, ainfi que l'on peut voir par la figure.

Tracer un Cadran équinoxial fuperieur pour 49 degrez.
Planche 6. figure 11.

TRacez la droite A B dans le plan du méridien ; fur cette droite qui fera la méridienne du Cadran, prenez à volonté un point 12, par lequel tracez perpendiculairement la ligne horizontale C D.

Faites convenir fur cette ligne le bord divifé de la regle horaire & les points XII. 12. l'un fur l'autre : marquez fur C D les points 5. 4. 3. 2. 1 : 11. 10. 9. 8. 7. vis à vis de ceux VII. VIII. IX. X. XI : I. II. III. IIII. V. de la regle. Otez cette regle, prenez fur icelle l'intervale horaire IX. XII. & le portez fur la méridienne de 12 en A, qui fera le centre du Cadran : par le point A, tracez la ligne de 6 heures parallele à C D, tracez auffi par le même point & par les divifions de C D les autres lignes, pour fervir depuis 4 heures du matin jufques à 8 heures du foir dans les plus grands jours d'Eté ; fon moindre étant de 12 heures au tems des équinoxes ; les heures du matin font à main droite, celles du foir à gauche.

Le ftile A E doit être levé fur le centre & perpendiculaire au plan du Cadran, il s'éleve vers le pole boreal ; & fa longueur eft indéterminée.

REMARQUE.

Si l'on avoit retourné la regle bout pour bout fur la droite C D, les points horaires répondans auroient été femblables ; mais on l'a mife dans cette fituation afin que fa largeur n'occupât point le centre du Cadran.

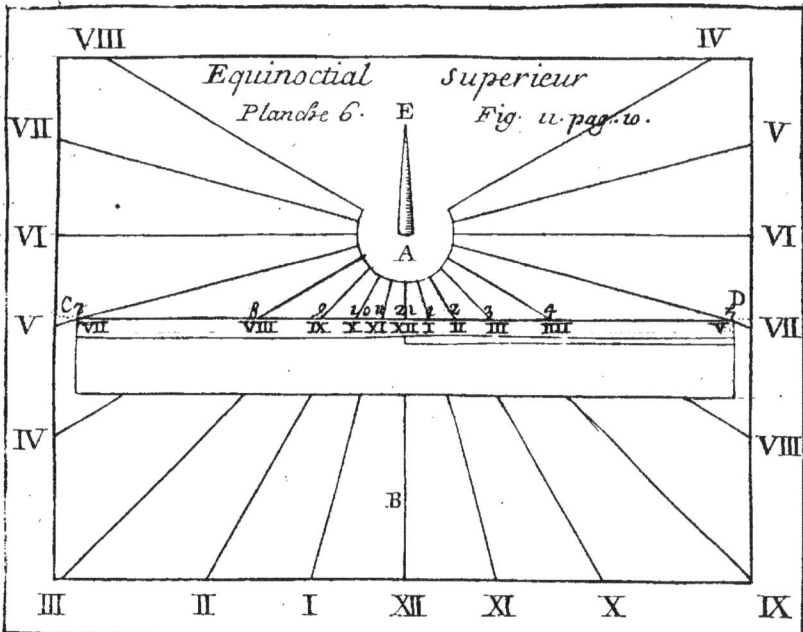

Equinoctial Superieur
Planche 6. Fig. 11. pag. 10.

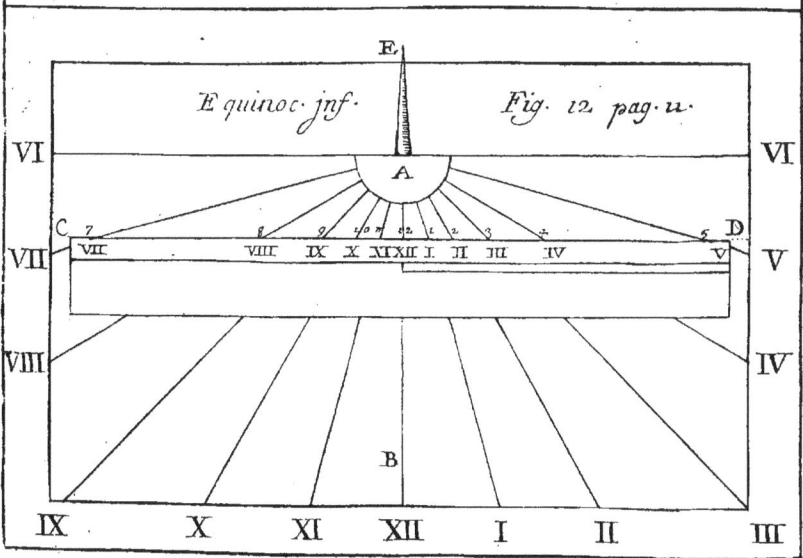

Equinoc. jnf. Fig. 12. pag. 11.

Vertical Declinant du Midy a l'orient de 40 degrez

Planche 7   Fig. 13. pag. 11.

IV

C

IV

III

V   A   H   G   B

VI

VII

II

N

VIII   IX   X   XI   XII   I

Vertical Declinant du mudy a l'occident de 40 degrez.

Fig. 14. pag. 12.

C

VIII

VII

IX   A   G   H   B

VI

V

E

IIII

M   VII   D

X   XI   XII   I   II   III

Planche 8.

Fig. 15. pag.14.

V

VI

VII

VIII

Vertical Declinant du Septentrion a l'occident de 40.ᵈ

Fig. 16. pag. 15.

VIII

VII

VI

V

IV

L'équinoxial inférieur. Planche 6. figure 12.

SE tracera de la même maniere que l'équinoxial fuperieur, ne différant en rien pour ce qui regarde fa
conftruction, excepté que l'équinoxial fupérieur marque
depuis 4 heures du matin jufques à 8 heures du foir, &
que l'inferieur ne marque les heures que depuis 6 heures
du matin jufques à 6 heures du foir.

Il y aura feulement à prendre garde pour la pofition
des heures à l'un & à l'autre. Les figures le démontrent
affez.

*Décrire un Cadran vertical, déclinant du Midi à l'Orient
de 40 degrez pour une latitude de 49 degrez.*
Planche 7. figure 13.

TRacez de niveau l'orizontale A B, & à plomb la méridienne C D, s'entre-coupant au point XII. A ce
point faites fur C D & à fa gauche l'angle D 12 E de 40
degrez, déclinaifon obfervée ; d'un point E pris à volonté fur XII. E, ligne de déclinaifon, élevez E F parallele
à C D, & terminée à B A : fur A B faites XII. G égal
à XII. E, & au point G fur A B, l'angle XII. G C de
40 degrez, latitude propofée. Du centre C, où G C rencontre C D, tracez par F la fouftylaire C F : du point F,
tracez F H, perpendiculaire à C F, & égale à F E pour
avoir la hauteur du ftile. Par le point H, & du centre du
Cadran, tracez l'axe C H.

Maintenant prenez fur la ligne centrale de la regle horaire, l'intervale I. 49 qui convient à la latitude donnée,
& la portez en E K, fur la droite E XII.

Par le point K, tracez perpendiculairement à E XII.
la ligne M N, fur laquelle faites convenir le bord divifé
de la regle, les points XII. K, tombant l'un fur l'autre.

Marquez fur M N les points 7. 8. 9. 10. 11 : 1. 2. 3. 4. 5.

B ij

vis à vis de ceux VII. VIII. IX. X. XI : I. II. III. IIII. V. de la regle : du point E, par les divifions de M N, tracez des lignes droites ponctuées rencontrant A B aux points 7. 8. 9. 10. 11 : 1. 2. 3. Du centre du Cadran C, tracez par ces derniers points autant de lignes horaires, pour fervir en partie depuis 4 heures du matin jufques à 3 heures du foir; la ligne de 6 heures du matin fe tracera du centre par le point 6 déterminé fur A B, par la droite E 6 parallele à M N, & celle de 5 & de 4 par des points trouvez fur la même A B, en prolongeant au-delà du point E les lignes de V. & de IIII. du matin, lefquelles ne doivent fervir qu'à cet ufage, étant d'ailleurs inutiles fur le Cadran qui ne fçauroit être éclairé plus de 12 heures. Le ftile fera une lame de métail taillée fur l'angle F C H, & pofée fur C F, à l'équerre du plan, fon axe C H fera parallele à l'axe du monde.

REMARQUE.

S'il arrive que le point E ait été pris fi proche du point 12, que l'intervale I. 49 donne le point K au-deffus fur E 12 prolongé, cela n'apportera aucun changement dans la conftruction, excepté que M N paffera alors au-deffus du point XII, au lieu qu'ici elle paffe au-deffous.

Décrire un Cadran vertical, déclinant du Midi à l'Occident pour la latitude de 49 degrez.
Planche 7. figure 14.

TRacez de niveau l'horizontale A B & à plomb, la méridienne C D s'entre-coupant au point XII; à ce point faites fur C D, & à fa droite l'angle D XII. E, de 40 degrez déclinaifon obfervée; d'un point E pris à volonté fur XII. E, ligne de déclinaifon, élevez E F, paral-lele à C D, & terminée à B A; fur A B, faites XII. G, égal à XII. E, & au point G fur A B, l'angle XII. G C, de 49 degrez latitude propofée; du centre C où G C

rencontre C D, tracez par F la fouftylaire C F ; du point
F tracez F H perpendiculaire à C F, & égale à F E, pour
avoir la hauteur du ftile. Par le point H & du centre du
Cadran tracez l'axe C H.

Maintenant prenez fur la ligne centrale de la regle horaire l'intervale I. 49, qui convient à la latitude donnée,
& le portez en E K fur la droite E XII. Par le point K,
tracez perpendiculairement à E XII. la ligne M N, fur laquelle faites convenir le bord divifé de la regle, les points
XII. K tombant l'un fur l'autre.

Marquez fur M N les points 7. 8. 9. 10. 11 : 1. 2. 3. 4. 5.
vis à vis de ceux VII. VIII. IX. X. XI : I. II. III. IIII. V.
de la regle : du point E par les divifions de M N, tracez des
droites, rencontrant A B aux points 9. 10. 11 : 1. 2. 3. 4. 5.
Du centre du Cadran C, tracez par ces derniers points autant de lignes horaires pour fervir en partie depuis 9 heures du matin jufques à 8 heures du foir. La ligne de 6 heures du foir fe tracera du centre par le point 6 déterminé
fur A B, par la droite E 6 parallele à M N, & celle de
7 & de 8 par des points trouvez fur la même A B, en prolongeant au-delà du point E les lignes de VII. & de VIII.
du foir, lefquelles ne doivent fervir qu'à cet ufage, étant
d'ailleurs inutiles fur le Cadran, qui ne fçauroit être éclairé plus de 12 heures.

Le ftile fera une lame de métail taillée felon l'angle
F C H, & pofée fur C F à l'équierre du plan. Son axe C H
fera parallele à l'axe du monde.

S'il arrive que le point K tombe au-deffus du point XII.
& non au-deffous, la ligne M N qui paffe au-deffous de
ce point paffera alors au-deffus : le refte de la conftruction fera la même que le precedent, à l'exeption que ce
qui eft à droit dans l'un devient à gauche dans l'autre.

Tracer un Cadran vertical, déclinant du Septentrion à l'O-
rient, pour la latitude de 49 degrez, & ayant le
centre en bas. Planche 8. figure 15.

TRacez la ligne horizontale A B & à plomb, la ligne de minuit D C, s'entre-coupant au point 12, à
ce point faites fur D C & à fa droite, l'angle C 12 E; de
quarante degrez déclinaifon obfervée. D'un point E pris
à volonté fur 12 E, ligne de déclinaifon, abaiffez E F parallele à D C, & terminée à A B, fur A B faites 12 G
égal à 12 E, & au point G deffous A B l'angle 12 G C de
49 degrez latitude propofée. Du centre C où G C rencontre D C, tracez par F la fouftylaire C F du point F,
tracez F H perpendiculaire à C F, & égale à F E pour
avoir la hauteur du ftile. Par le point H & du centre du
Cadran tracez l'axe C H.

Maintenant prenez fur la ligne centrale de la regle horaire l'intervale I 49, qui convient à la latitude donnée,
& le portez de E en K fur la droite E 12. Par le point K
tracez perpendiculairement à E 12 la ligne M N, fur laquelle faites convenir le bord divifé de la regle, les points
XII. K tombant l'un fur l'autre.

Marquez fur M N les points 7. 8. 4. 5. vis à vis de ceux
V. IIII. VIII. VII. de la regle; du point E par les divifions
de M N, tracez des droites rencontrant A B aux points
4. 5; du centre du Cadran, tracez par ces derniers points
les lignes de 4 & de 5 heures du matin.

La ligne de 6 heures du matin fe tracera du centre par
le point 6 déterminée fur A B par la droite E 6, parallele à M N, & celle de 7 & de 8 après 6 heures par les
points trouvez fur la même B A, en prolongeant au-delà
du point E les lignes de V. & de IIII. heures du foir, les
heures qui fuivent étant d'ailleurs inutiles fur ce Cadran,
qui ne fçauroit être éclairé plus de 5 heures : ces heures
qui font pour le matin font à main droite. Le ftile fera une

lame de métail taillée selon l'angle F C H, & posée sur
C F à l'équierre du plan, son axe C H sera parallele à l'a-
xe du monde, & s'élevera du centre au pole Boreal.

S'il arrive que le point K tombe au-dessous du point 12,
& non au-dessus, la ligne M N passera alors au-dessous du
point 12 & ne changera rien de la construction : car si l'on
avoit retourné la regle bout pour bout sur la droite M N,
leurs points horaires correspondans auroient été semblables, & seroient mieux convenus avec les lignes horaires;
mais la largeur de la regle auroit pû cacher le point 12,
qu'il est bon de découvrir.

Cadran déclinant du Septentrion à l'Occident pour 49 de-
grez de latitude, & ayant le centre en bas.
Planche 8. figure 16.

Tracez de niveau l'horizontale A B & à plomb, la
ligne de minuit D C s'entre-coupant au point 12.
A ce point faites sur D C & à sa gauche l'angle D 12, E
de 40 degrez déclinaison observée; d'un point E pris à
volonté sur 12 E, ligne de déclinaison, abaissez E F parallele à D C, & terminée à B A; sur B A faites 12 G,
égal à 12 E, au point G dessous A B, l'angle 12 G C de
49 degrez latitude proposée : du centre C où G C rencontre D C, tracez par F la soustylaire C F; du point F
tracez F H perpendiculaire à C E & égale à E F, pour
avoir la hauteur du stile : par le point H & du centre du
Cadran, tracez l'axe C H.

Maintenant prenez sur la ligne centrale de la regle horaire l'intervale I 49 degrez, qui convient à la latitude
donnée, & le portez de E en K sur la droite E 12. Par le
point K, tracez perpendiculairement à E 12 la ligne M N,
sur laquelle faites convenir le bord divisé de la regle, les
points XII. K tombant l'un sur l'autre; marquez sur M N
les points 7. 8 : 4. 5. vis à vis de ceux V. IIII. VIII. VII.
de la regle. Du point E par les divisions de M N, tracez

des droites rencontrant A B aux points 7. 8 ; du centre
du Cadran, tracez par ces derniers points les lignes de 7
& de 8 heures du foir, la ligne de 6 heures du foir fe tracera du centre par le point 6 déterminé fur A B par la
droite E 6 , parallele à M N, & celle de 4 & de 5 après
6 heures par des points trouvez fur la même A B , en
prolongeant au-delà du point E les lignes de VIII. & de
VII. du matin ; les heures qui fuivent étant d'ailleurs inutiles fur ce Cadran qui ne fçauroit être éclairé plus de 5
heures ; les heures de ce Cadran font à main gauche : le
ftile fera une lame de métail qui fera taillée félon l'angle F C H, & pofée fur C F à l'équerre du plan, fon axe
C H fera parallele à l'axe du monde, & s'élevera du
centre au pole Boreal : que le point K tombe au-deffus
ou au-deffous du point 12, on tracera toûjours la ligne
M N, & il n'y aura point de changement dans la conftru-
étion de ce Cadran qui eft comme le revers du précedent.
L'on a renverfé ici la regle horaire pour une raifon femblable à celle qui eft rapportée cy-devant.

Tracer un Cadran vertical de grande déclinaifon, & la la-
titude donnée , fuppofons que la déclinaifon foit de 80 de-
grez du Midi à l'Orient, & la latitude de 49 degrez.
Planche 9. figure 17.

Tracez à plomb la verticale C D, & à niveau l'o-
rizontale A B, s'entre-coupant au point E qui fera
dans la fouftylaire fur C D marquez E F, longueur arbitraire d'un ftile droit élevé fur E: au point F fur C F, faites à main droite l'angle E F 12 de 80 degrez, déclinaifon obfervée pour avoir fur A B un point 12 de la méridienne : Prenez fur la ligne centrale de la regle horaire
l'intervale I.49 qui marque la latitude donnée, & le portez de F en K fur F 12 ; par le point K, tracez perpendiculairement à F 12 la ligne M N pour y appliquer le bord
divifé de la regle , les points XII. K tombant l'un fur
l'autre.   Marquez

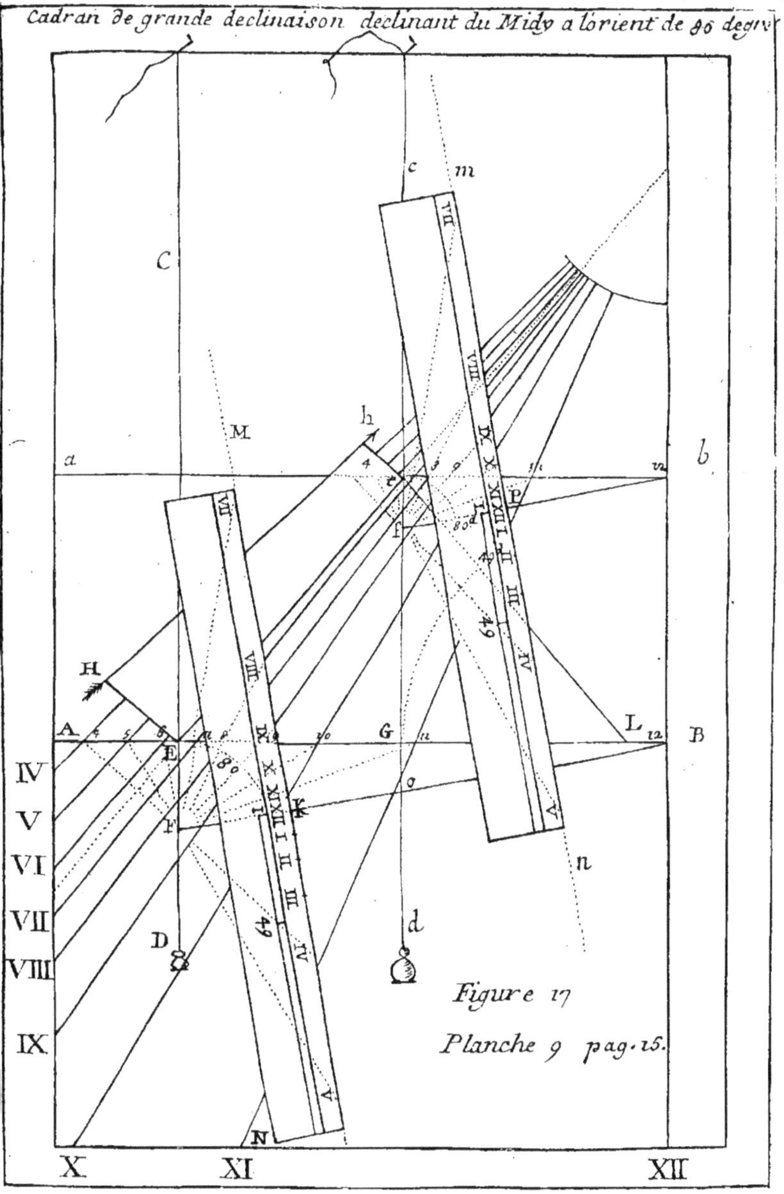

Cadran de grande declinaison declinant du Midy a l'orient de 80 degr.

Figure 17
Planche 9 pag. 15.

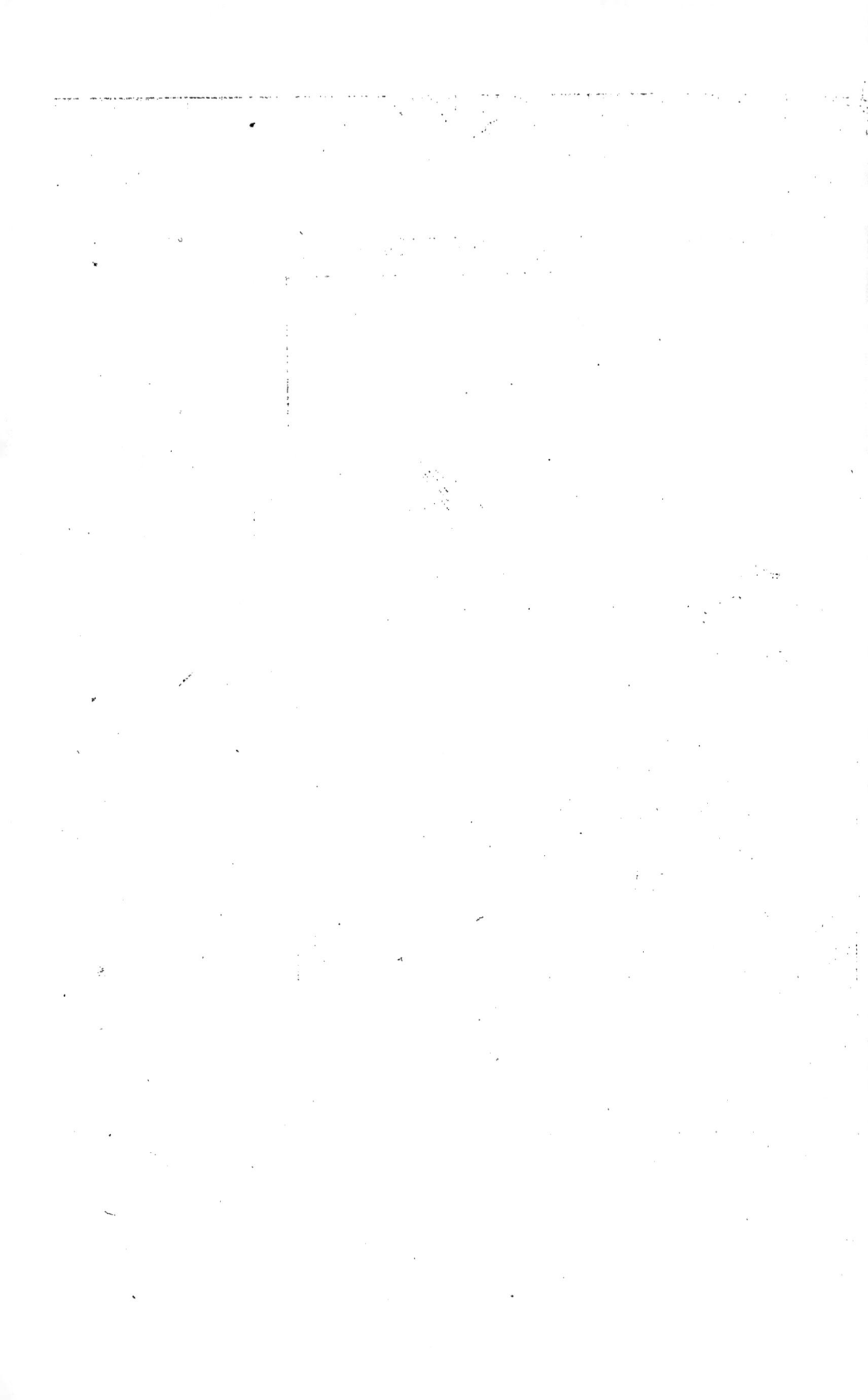

Marquez fur M N les points 7. 8. 9. 10. 11 : 4. 5. vis à vis de ceux VII. VIII. IX. X. XI : 1III. V. de la regle, ôtez cette regle & par les divifions de M N tracez du point F des points rencontrant A B aux points de 7. 8. 9. 10. 11. heures du matin; le point de 6 heures fe déterminera par F 6 perpendiculaire à F 12, & les points de 4 & de 5 heures avant 6 heures du matin, fe trouveront pareillement en prolongeant au-delà du point F les lignes de 1III. & V. heures du foir.

Maintenant entre les points E 12, tracez parallelement à C D une feconde verticale c d, coupant A B au point G, & F 12 au point O ; fur A B faites G L égal à F O, & au point L, l'angle G L e de 49 degrez latitude donnée pour avoir fur c d un fecond point e de la fouftylaire : par ce point e tracez parallelement à A B une feconde horizontale a b, fur c d faites e f égale à G O, longueur d'un fecond ftile droit élevé fur le point e, tracez f 12 parallele à F 12, qui donnera fur c d l'angle e f 12 égal à celui G O 12 & de même côté, & fur a b un fecond point 12 de la méridienne.

Sur f 12 faites f p égal à F K, & par le point P tracez perpendiculairement à f 12 la droite m n, pour y appliquer le bord divifé de la regle horaire, les points XII. P tombant l'un fur l'autre.

Marquez fur m n les points 7. 8. 9. 10. 11 : 4. 5. vis à vis de ceux de la regle, (comme en la premiere operation) & tracez leurs correfpondantes fur a b, comme on a trouvé fur A B les correfpondantes de M N.

Enfin par les correfpondantes de A B, a b, tracez la fouftylaire E e, & les lignes horaires pour fervir depuis 4 heures du matin jufques à Midi dans les plus longs jours. Ces lignes tendent toutes au centre du Cadran qui peut être inconnu, & la méridienne 12. 12. doit fe trouver parallele à C D, c d, pour être dans le plan du méridien.

Pour avoir le ftile, tracez perpendiculairement à E e

C

les droites E H, e h égales à E F, e f, & par leurs sommi-
tez l'axe H h.

Taillez une lame de métal selon la figure H E, h e,
& la fixez sur E e, d'équierre au plan du Cadran, afin que
l'axe H h soit parallele à celui du monde, ou bien élevez
sur quelqu'autre point de E e un stile droit, dont la hauteur soit terminée à H h.

REMARQUE.

Plus ce stile sera grand, & plus les lignes horaires seront écartées les unes des autres, en quoy il faut avoir
égard à l'espace du plan que l'on veut occuper.

Vertical de grande déclinaison, déclinant du Midi à l'Oc-
cident de 80 degrez, & la latitude de 49 degrez.
Planche 10. figure 18.

Racez à plomb la verticale C D, & à niveau l'horizontale A B, s'entre-coupant au point E qui sera
dans la soustylaire; sur C D marquez E F, longueur arbitraire d'un stile droit élevé sur E au point F. Sur C F
faites à main droite l'angle E F 12. de 80 degrez, déclinaison observée, pour avoir sur A B un point 12. de la méridienne. Prenez sur la ligne centrale de la regle horaire
l'intervalle I. 49 qui marque la latitude donnée, & le portez de E en K sur F 12. Par le point K tracez perpendiculairement à F 12. la droite M N, pour y appliquer le
bord divisé de la regle, les points XII. K tombant l'un
sur l'autre.

Marquez sur M N les points 5. 4. 11. 10. 9. 8. 7. vis à
vis de ceux V. IIII. XI. X. IX. VIII. VII. de la regle,
ôtez cette regle, & par les divisions de M N tracez du
point F des droites rencontrant A B aux points de 11.
10. 9. 8. 7. heures du matin, le point de 6 heures se déterminera par F 6 perpendiculaire à F 12. & les points de
5 & de 4 heures avant 6 heures du matin se trouveront

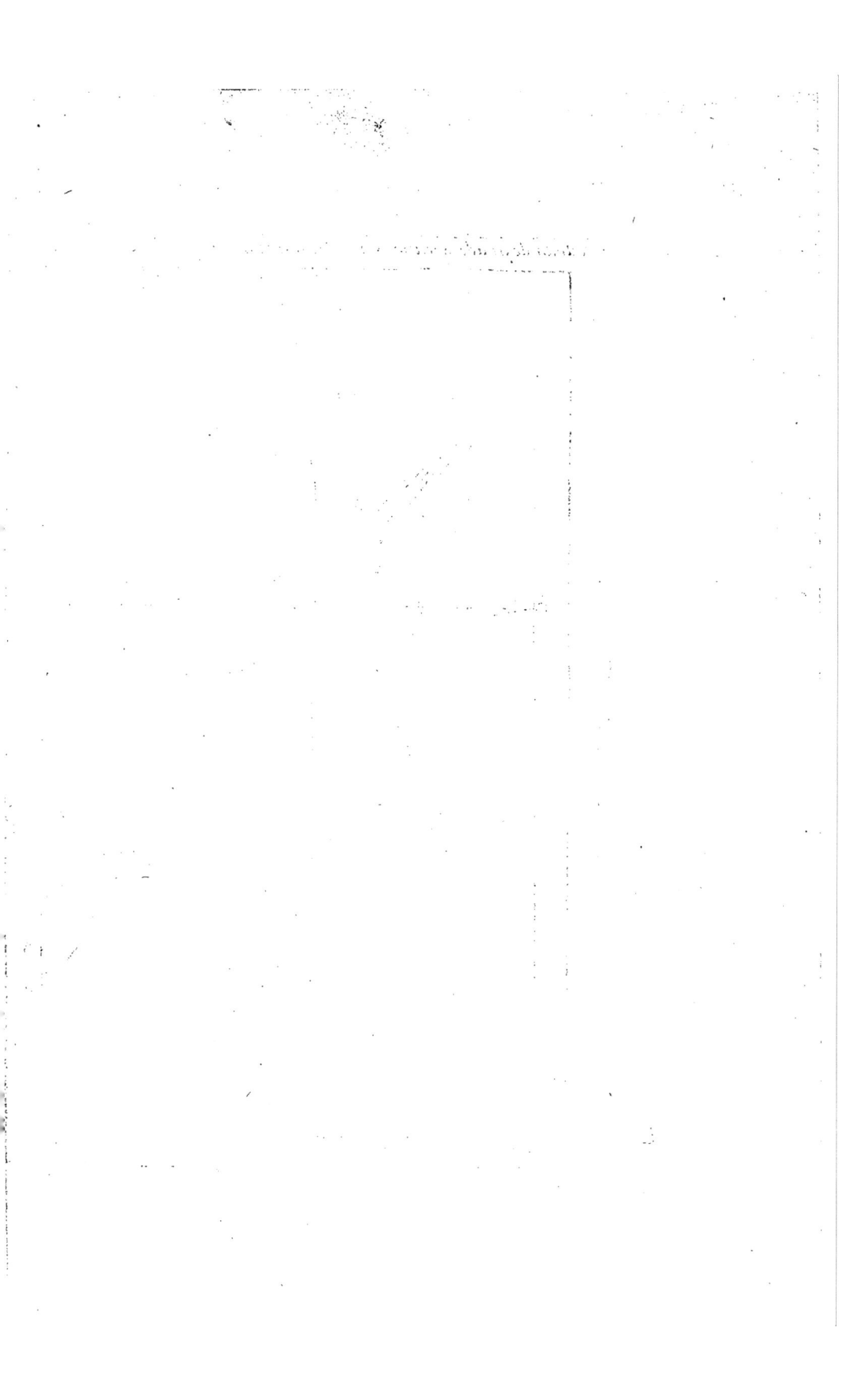

c   C

n
h
12 a   i   3   6 7 8   N   b
f
80

H

12 A   i   G   2   E   6   7   8   VIII
L
O
K   F   VII

VI

m
V

d   D   IV

Fig. 19
Planche 10. pag. 18.   III

M

XII   I   II

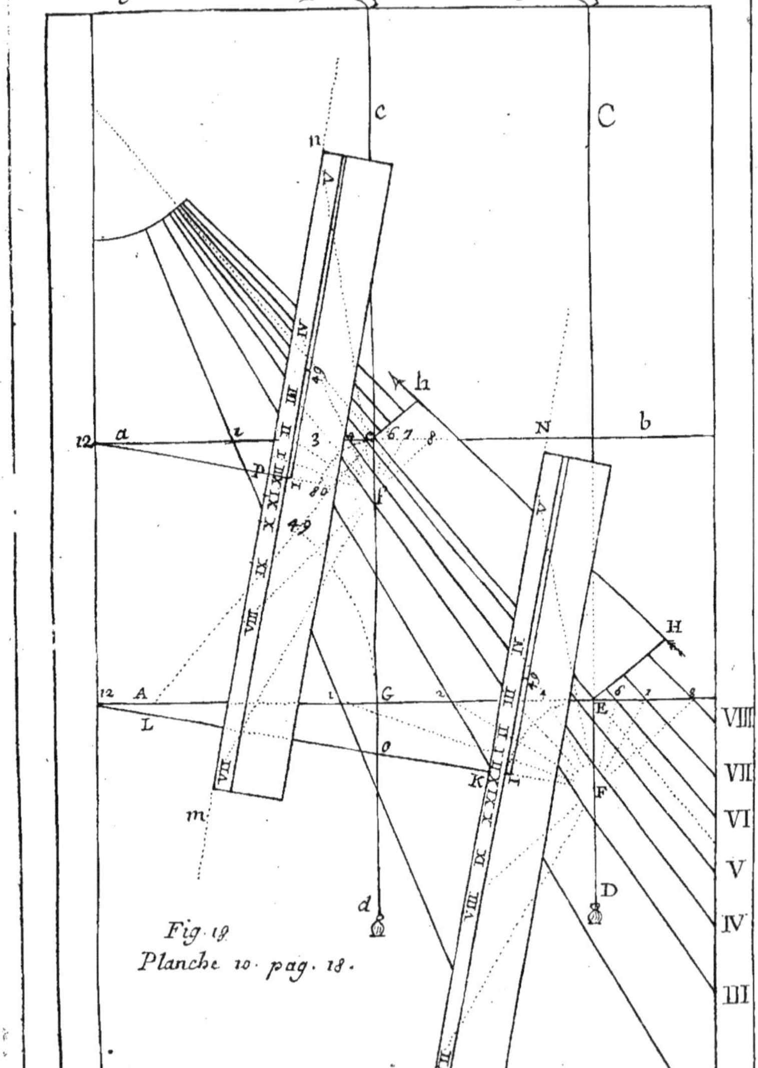

pareillement en prolongeant au-delà du point F les lignes
de V. & de IIII. heures du soir.

Maintenant entre les points E 12, tracez parallelement
à C D une seconde verticale c d, coupant A B au point
G, & F 12. au point O ; sur A B faites G L égal à F O,
& au point L l'angle G L e de 49 degrez, latitude donnée, pour avoir sur c d un second point e de la souftylai-
re : par ce point e, tracez parallelement à A B une seconde horizontale a b ; sur c d, faites e f égale à G O,
longueur d'un second stile droit élevé sur le point e, tracez 1 12. parallele à F 12, qui donnera sur c d, l'angle
e f 12. égal à celui G O 12. & de même côté, & sur a b
un second point 12 de la méridienne.

Sur f 12, faites f P égal à F K ; & par le point P, tracez
perpendiculairement à f 12 la droite M N pour y appliquer le bord divisé de la regle horaire, les points XII. P
tombant l'un sur l'autre ; le reste de l'operation se fera
comme au précedent, celui-ci étant son revers.

*Vertical déclinant du Midi à l'Orient de 40 degrez, le
stile étant posé, & la latitude de 49 degrez.*
Planche 11. figure 19.

DEterminez le point d'incidence F, qui est le pied
de la perpendiculaire abaissée de l'extrêmité H du
stile sur le plan du Cadran : par le point F, tracez à niveau l'horizontale A B, & à plomb la droite E F, qui sera
le vertical du plan ; faites E F égal à F H, déterminée du
point F au bout du stile ; au point E faites sur E F & à
main droite l'angle F E 12 de 40 degrez, déclinaison observée ; par le point 12 où E 12 coupe A B, tracez parallelement à F E la méridienne C D du Cadran.

Maintenant prenez sur la ligne centrale de la regle horaire l'intervale I. 49, qui marque la latitude donnée, &
le portez de E en K, sur E 12, prolongée si besoin est :
par le point K, tracez perpendiculairement à E 12 la

droite M N, fur laquelle appliquez le bord divifé de la regle, les points XII. K tombant l'un fur l'autre.

Marquez fur M N les points 7. 8. 9. 10. 11 : 1. 2. 3. 4. 5. vis à vis de ceux VII. VIII. IX. X. XI : I. II. III. IIII. V. de la regle : ôtez cette regle, & par les divifions de M N tracez du point E des droites rencontant A B aux points 7. 8. 9. 10. 11 : 1. 2. 3 : fur A B faites 12 G égal à 12 E, & au point G l'angle 12 G C de 49 degrez, latitude propofée pour avoir le centre du Cadran. Tirez des lignes noires du centre C par les fections des lignes ponctuées, coupant l'horizontale aux points 4. 5. 6. 7. 8. 9. 10. 11 : 1. 2. 3. & qui feront les veritables heures.

REMARQUES.

1°. Si le ftile pofé L H eft oblique au plan, le point F d'incidence fe déterminera avec plus de facilité. 2°. On auroit pû commencer le Cadran par tracer les droites A B. F E, & fur leur interfection F pofer d'équierre au plan un ftile, dont la hauteur arbitraire auroit été portée de F en E, comme nous avons fait de celui L H, ayant égard cependant à l'étenduë que l'on veut occuper, ce qui dépend en partie du ftile.

Marquer les demi-heures fur les Cadrans précedens.
Planche 11. figure 20.

Par exemple, fur un horizontal, les demies-heures depuis 7 heures du matin jufques à 5 heures du foir étant marquées fur la regle horaire, on déterminera leurs points fur C D, & on les tracera enfuite comme l'on a fait les heures; mais pour avoir 6 heures & demies du matin, & 5 heures & demies du foir, que l'on n'a point mis fur la regle pour éviter fa grande longueur, on fe fervira de l'une des deux méthodes univerfelles qui fuivent.

Pour avoir 6 heures & demie du matin, prenez fur la regle horaire, ou fur C D divifée de même, l'intervale

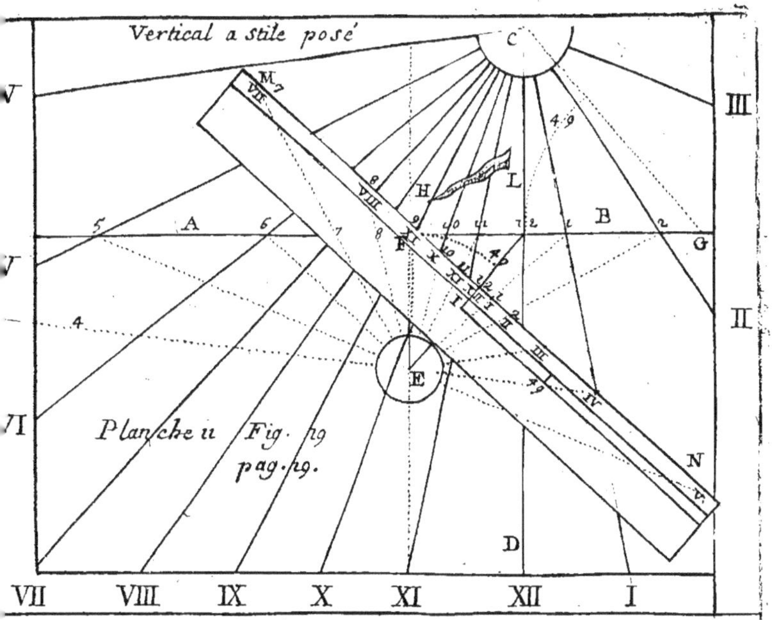

Vertical a stile posé

N

III

M

VII

VIII

H

L

A

B

G

II

F

E

VI

Planche 11   Fig. 19

pag. 19.

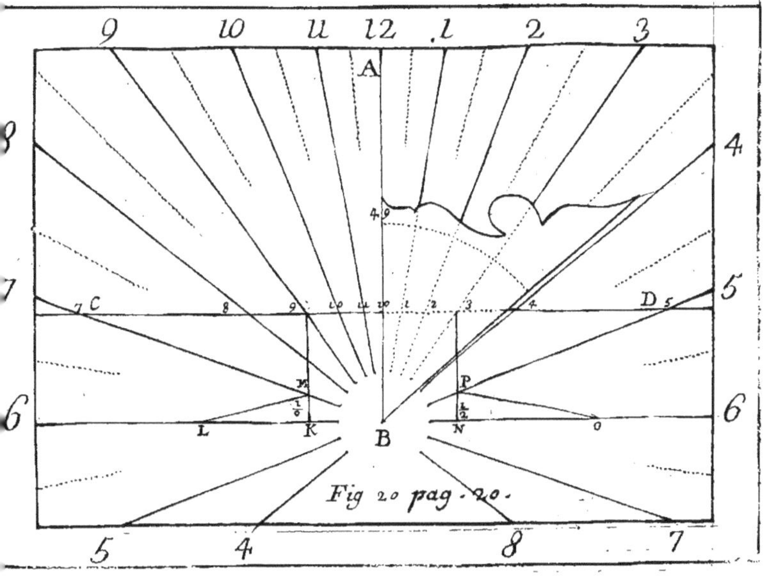

N

D

VII   VIII   IX   X   XI   XII   I

9   10   11   12   1   2   3

A

8

4

7   C

8   9   10   11   12   1   2   3   4   D   5

5

N

P

6

6

L   K   B   N   O

Fig. 20 pag. 20.

5   4   8   7

Plate.

Planche 12. Fig. 21. pag. 22.

de 7 à 12 $\frac{1}{2}$ & le portez en retrogradant du point 7 fur
C D, prolongée du côté C autant qu'il fera neceffaire;
du point ainfi trouvé fur C D, tracez au point B la ligne
requife, laquelle étant prolongée au-delà de B donnera
6 heures & demie du foir.

Semblablement pour avoir 5 heures & demie du foir,
prenez fur C D la même intervale de 7 à 12 & demi, ou
fon égal de 5 à 11 & demie, & le portez en retrogradant
du point 5 fur C D, prolongée du côté D autant qu'il
fera neceffaire.

Du point ainfi trouvé fur C D, tracez au point B la ligne requife, laquelle étant prolongée au-delà de B donnera 5 heures & demie du matin. On pourra trouver de
même les quarts de ces heures; mais comme il faudroit
alors prolonger encore davantage la ligne C D, & que
fouvent le peu d'étenduë que l'on a fur le plan ne per-
met pas de le faire, il fera plus à propos de fe fervir de
la feconde méthode qui fuit.

Pour avoir 6 heures & demie du matin, tracez du point
9 fur C D une parallele à A B, coupant la ligne de 7 heures au point M, & celle de 6 heures au point K; fur cette
ligne de 6 heures faites K L égal à K 9, & tracez L M
qui donnera l'angle L M K : divifez cet angle en deux
également, pour avoir fur M K un point, par où vous
tracerez du centre B la ligne requife & fon oppofée pour
6 heures & demie du foir.

Semblablement pour avoir 5 heures & demie du foir,
tracez du point 3 une parallele à A B, coupant la ligne
de 5 heures au point P, & celle de 6 heures au point N.
Sur cette ligne de 6 heures faites N O égal à N 3. & tracez P O qui donnera l'angle P O N.

Enfin divifez cet angle en deux également pour avoir
fur P N un point par où vous tracerez du centre B la ligne
requife & fon oppofée pour 5 heures & demie du foir. Pour
avoir les quarts des mêmes heures, il faudra divifer en
quatre parties égales chacun des angles, comme on le voit
dans la figure.

Du Secteur ou Trigone des signes. Planche 12. figure 21.

LE secteur ou trigone des signes est une projection plate des cônes d'ombre que le Soleil décrit par son rayon lors qu'il parcourt les paralleles des signes, le sommet des ces cônes étant le centre de la terre representé sur les Cadrans par la pointe du stile droit, & le point du secteur passant par l'axe du monde, ainsi l'arc b h du secteur b a h est divisé en six parties inégales, chaque point de division correspondant au parallele de deux signes, excepté les extrêmes qui ne conviennent qu'à un seul; car dans l'arc e h, qui convient aux signes meridionaux, le point d appartient à ♏ & ♓, le point c à ♐ & ♒, le point b à ♑ seul; dans l'arc e h, qui convient aux signes septentrionaux, le point f appartient à ♉ & ♍. Le point g appartient à ♊ & ♌, & le point h appartient à ♋ seul.

A l'égard du point e, qui est au milieu de tous, il appartient à ♈ & ♎, au centre a du secteur est attaché un fil de soye a o pour être tendu sur chacun de ses points, &c.

Ce secteur peut couler librement au long d'une alidade m n, par le moyen d'une virole carrée I K qui la reçoit, & y être arrêtée ferme en tournant la vis l.

Au centre m de l'alidade est une pointe ronde m s, qui sert à l'attacher au centre du Cadran, l'autre extremité porte un bouton r qui sert à la conduire sur le plan, & une seconde pointe p q que l'on y applique pour fixer la situation de l'alidade, laquelle represente toûjours l'axe du monde.

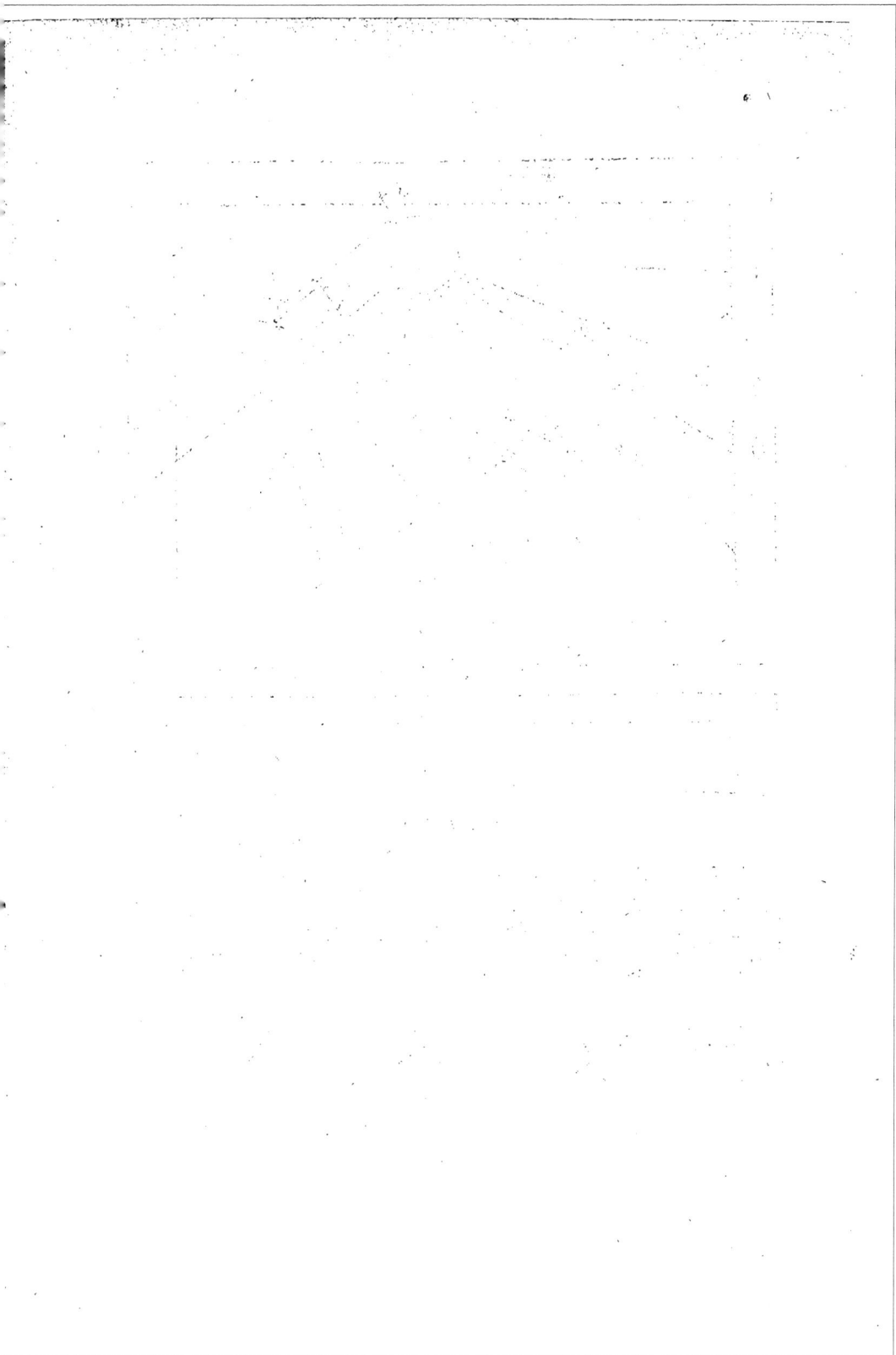

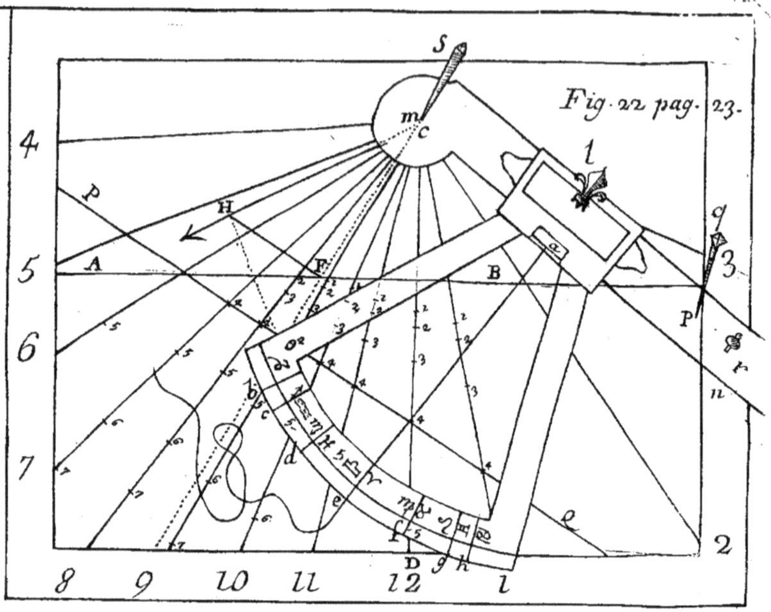

Fig. 22 pag. 23.

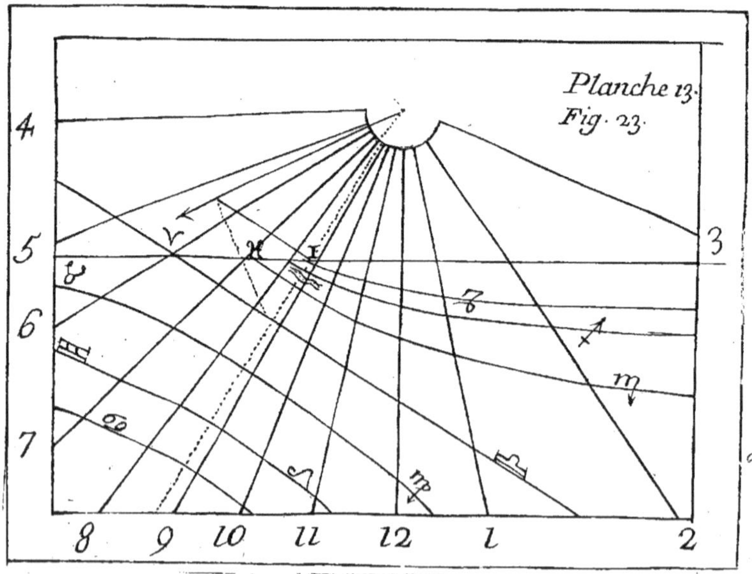

Planche 13.
Fig. 23.

*Tracer les Arcs des fignes fur les Cadrans précedens : Par
exemple, fur un vertical déclinant de 40 degrez du
Midi à l'Orient,* Planche 13. fig. 22. & 23.

PAr le pied F du ftile droit F H, tracez la ligne horizontale A B ; par le fommet H du même, tracez
H O perpendiculaire à C H, & terminé à la fouftylaire
C O ; par le point O tracez perpendiculairement à C O
l'équinoxiale P Q ; coupant chacune des lignes horaires
aux points 4 ; le point 4 fur la ligne de fix heures doit
être fon interfection avec A B ; difpofez le trigone des fignes fur fon alidade, en forte que la diftance m a de
leurs centres foit égale à l'intervale C H du centre du
Cadran au bout du ftile droit.

Affermiffez ces deux pieces l'une fur l'autre en ferrant
la vis l ; attachez l'alidade par fon centre fur celui du
Cadran, de maniere qu'elle puiffe fe mouvoir à l'entour
de la pointe m S ; élevez ou abbaiffez l'alidade, jufques
à ce que le filet du trigone étant bandé pardeffus le point
e paffe directement par l'interfection d'une ligne horaire
avec l'équinoxiale (par exemple) au point 4 de la meridienne C D ; alors fixez cet inftrument dans cette fituation, en appliquant dans le plan la pointe p q de l'alidade ; étendez le filet fur chacune des divifions b c d e f
g h du trigone, marquant à mefure fur C D les points
correfpondans 1. 2. 3. 5. 6. 7. où le filet les rencontrera directement ; cela étant fait, détachez feulement la pointe
P q, faites mouvoir l'alidade, & de la même façon déterminez fur chacune des autres lignes horaires autant de
points 1. 2. 3. 5. 6. 7. lefquels l'on n'a pas marqué fur la ligne de I & II heures. L'on continuë fur les autres heures pour avoir femblables points.

Tous ces points feront dans les arcs des fignes qu'il faut
décrire, à fçavoir ceux des meridionaux au deffus de P Q,
& ceux des feptentrionaux au deffous, conformément aux
caracteres du trigone qui répondent à ces points. Ainfi

tous les points 1. 1. appartiendront au tropique d'hyver ♑ ;
tous les points 2. 2. à l'arc commun de ♐ & ♒ ; les points
3. 3. à l'arc commun ♏ & ♓ ; les points 4. 4. à la ligne
des équinoxes ♈ & ♎ ; les points 5. 5. à l'arc commun de
♉ & ♍ ; les points 6. 6. à l'arc commun de ♊ & ♌, &
les points 7. 7. au tropique d'été ♋.

Enfin par les points femblables figure 23, tracez ces
arcs en lignes courbes adoucies, obfervant qu'ils devien-
nent inutiles audeffus de l'horizontale A B, laquelle on
peut laiffer apparente depuis le bord du Cadran jufques
à l'interfection 1 de la ligne de 8 heures, & du tropique
d'hyver, pour y terminer les autres arcs.

L'on peut avoir le ftile droit, & l'axe par deux verges
de fer jointes enfemble, où par un feul ftile plein échancré
à l'endroit de la pointe du ftile droit ; on auroit pû tracer les arcs de 10 en 10 jours, le trigone étant divifé
pour cet ufage.

La maniere dont je viens d'appliquer les arcs des fignes
fur ce Cadran, peut fervir feulement aux autres qui ont
l'axe élevé fur leur plan, à caufe que l'alidade doit être
attachée au centre du Cadran, & fe mouvoir à l'entour ;
mais elle ne fera d'aucun ufage fur les Orientaux, Occidentaux, les Pollaires, les Equinoxiaux, ni fur les Cadrans
de grande declinaifon, dont la defcription va être ci-après.

Application des arcs des fignes fur les Cadrans de grande
declinaifon, Planche 14. fig. 24. & 25.

Marquez fur la fouftylaire un point F, à peu prés
au milieu E e ; par ce point tracez l'horizontale
A B, entre celle qui paffera par les points E e, du point
F, pied d'un nouveau ftile droit, élevez ce ftile perpendiculairement à e E, & terminé à l'axe du Cadran.

De la pointe H du ftile, tracez le rayon de l'équateur
H O perpendiculaire à l'axe, & terminé au point O fur
E e ; par ce point O tracez d'équierre à E e l'équinoxiale
P Q,

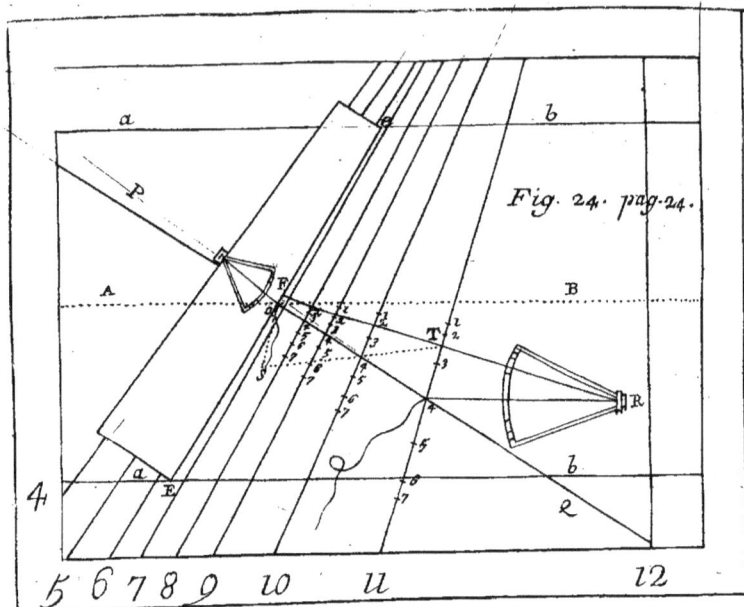

Fig. 24. pag. 24.

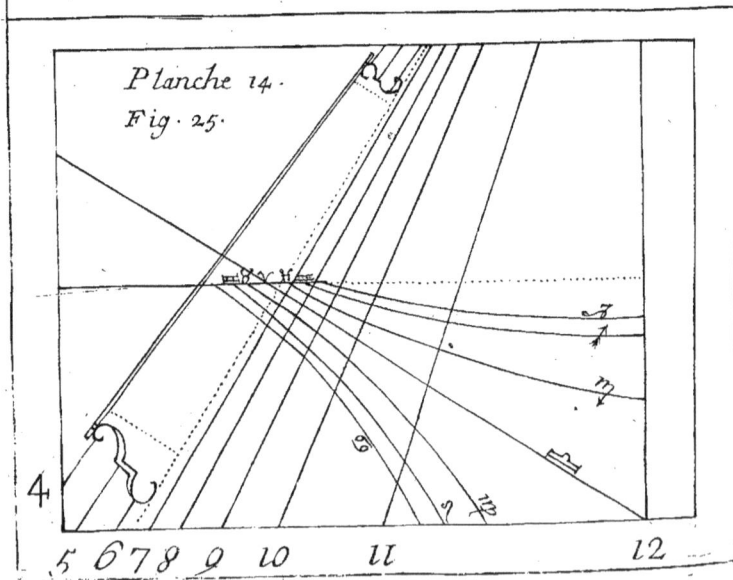

Planche 14.
Fig. 25.

P Q, coupant au point 4 chacune des lignes horaires ; le point 4 sur la ligne 6 heures doit être l'intersection de cette ligne avec A B.

Maintenant pour déterminer le passage des arcs sur ces horaires, du point F tracez indéfiniment une perpendiculaire à la ligne de XI, & la coupant en T, tracez F S paralelle à cette ligne horaire, & faites T R égale à T S.

Démontez le bouton de l'alidade, & la séparez du trigone des signes que vous attacherez par son centre sur le point R, de maniere qu'il s'y puisse mouvoir à l'entour d'une pointe ronde, élevez ou abaissez le trigone jusques à ce que le fil tendu par dessus le point ♈ passe directement par l'intersection 4 de la ligne de XI. heures avec l'équinoxiale.

Arrêtez le trigone dans cette situation, & marquez sur la même horaire les points 1. 2. 3 : 5. 6. 7, correspondans aux divisions de l'axe du trigone : cela étant fait, détachez le trigone, & de la même façon déterminez autant de points sur les autres lignes horaires, observant que pour celles qui sont de l'autre côté de la soustylaire E e, la droite F R doit être tirée de F vers P pour faire la même opération.

A l'égard de la soustylaire l'on pourra y marquer de semblables points ; on posera le centre du trigone sur le point H du stile, & faisant convenir le point ♈ sur H O.

Tous ces points étant ainsi déterminez, les arcs le seront aussi, il n'y aura plus qu'à les tracer par des lignes courbes, & à les charger des caracteres convenables ainsi que represente le Cadran.

REMARQUES.

1°. De la disposition & de la grandeur du style F H dépend en quelque façon l'étenduë occupée par les arcs des signes, ce qui contribuë à la beauté du Cadran ; ainsi on le posera ou plus haut, ou plus bas entre les deux premieres qui ont servi à la description des lignes horaires.

2°. Au lieu du ſtile F H il ſuffira de joindre à l'axe & à l'endroit H un bouton, dont l'ombre ſervira à marquer ſur le Cadran le parallele où le Soleil ſe trouvera.

Appliquer les arcs des ſignes ſur les Cadrans orientaux & occidentaux. Planche 15. figure 26. & 27.

POur l'oriental ſur C D, ligne de 6 heures, faites 6 H égale à 6 G, hauteur perpendiculaire du ſtile droit, où à l'intervale de 6 heures à celle de 9. heures, du point H, tracez des droites aux interſections 4. 5: 7. 8. 9. 10. 11. de E F, avec les lignes horaires : ces droites ſerviront à déterminer ſur E F la poſition du trigone, pour avoir ſur les horaires le paſſage des arcs, ce qui ſe fera ainſi.

Par exemple, pour la ligne de XI, tranſportez l'intervale 11. H en 11. a, ſur l'équinoxiale E F : ſur le point a, attachez le centre du trigone ſeparé de ſon alidade, de maniere qu'il s'y puiſſe mouvoir à l'entour d'une pointe ronde.

Elevez ou abaiſſez le trigone tant que le point ♈ tombe ſur E F, puis l'arrêtez dans cette ſituation ; étendez le fil par deſſus les diviſions de l'arc du trigone, & marquez ſur la ligne de XI. heures autant de points correſpondans, cela étant fait détachez le trigone, & de la même ſorte ſera trouvé la poſition du trigone pour chacune des autres horaires, ſur leſquelles vous marquerez de ſemblables points.

Si le Cadran eſt tracé tellement en petit que le trigone ne s'y puiſſe appliquer commodément, on ſe ſervira de cette ſeconde méthode.

Poſez à part ſur une feuille de papier le trigone ſeul, & le tenant ferme, marquez le point a, avec une aiguille que vous piquerez dans le centre, marquez auſſi les points b c d e f g h au bord de ſon arc, vis à vis les points qui le diviſent ; ôtez le trigone, & du point a, tracez aux au-

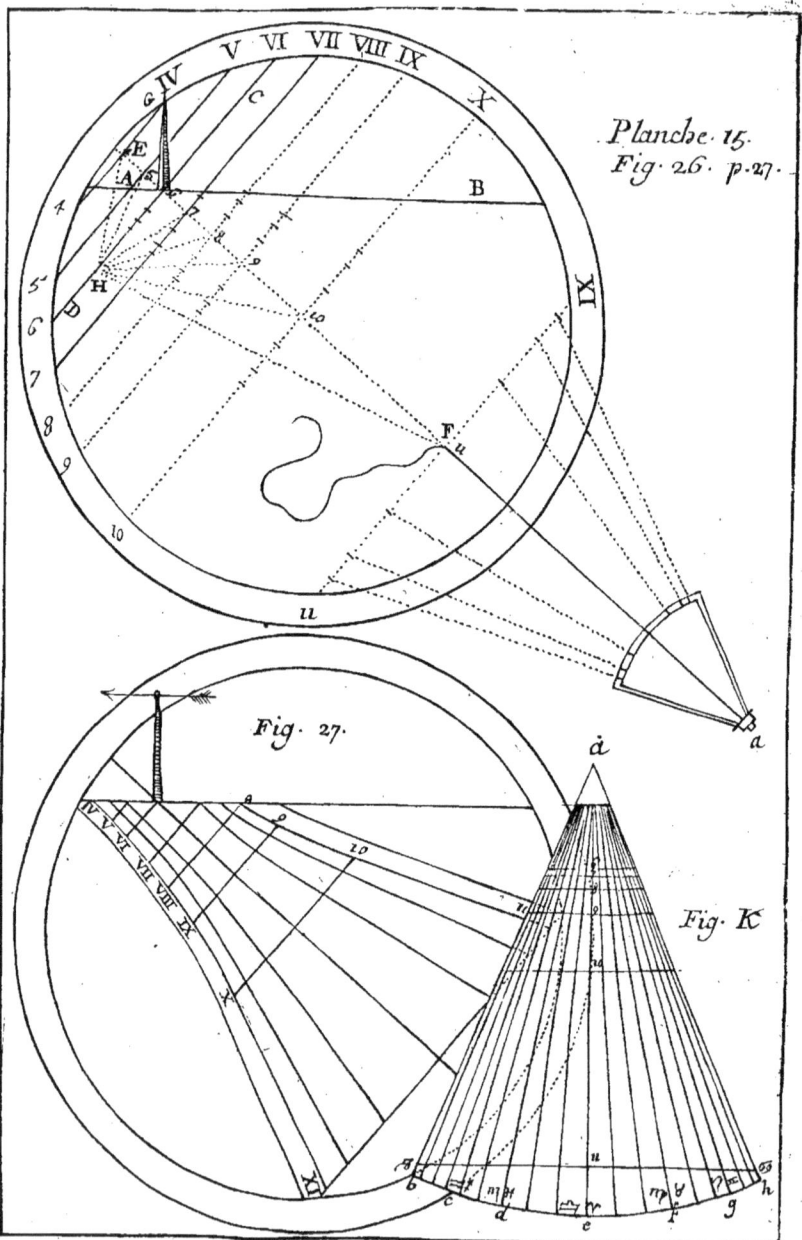

V   VI   VII VIII IX

IV

G

C

E

A

B

4

H

5

D

6

7

8

9

10

F

11

X

IX

Planche. 15.
Fig. 26. p. 27.

a

Fig. 27.

à

10

Fig. K

IV V VI VII VIII IX

8

10

u

XI

A
b
c
d
e
f
g
h

tres points des droites que vous chargerez des caracteres du trigone, lequel fera ainfi contre-tiré.

Sur le Cadran, tracez les droites H 4. H. 5. H. 6. H 7. &c. comme il a été dit cy-deffus, & les tranfportez fur le rayon a e fig. K, à fçavoir H 6 en a 6, H 7 en a 7, H 8 en a 8, H 9 en a 9, H 10 en a 10, & H 11 en a 11, par les points 6. 7. 8. 9. 10. 11. tracez des droites perpendicu- laires au rayon a e, & terminez aux rayons a b, a h : ces droites ainfi terminées & divifées reprefentent chacune des lignes horaires qui leur correfpondent, ainfi on divi- fera ces horaires conformément à ces droites, obfervant que la ligne de 5 heures eft pareille à celle de 7 heures, & celle de 4 pareille à celle de 8 heures.

Le paffage des arcs étant donc établi par cette métho- de, ou par la précedente, il n'y aura plus qu'à tracer ces arcs jufques à l'horizontale A B, & leur appliquer les ca- racteres des fignes qui leur conviendra.

L'on operera de la même maniere pour l'occidental que pour l'oriental, dont il ne differe que par la pofition d'une heure au lieu de XI. heures, continuant jufques à 8 heures du foir.

A l'égard du ftile il fera fimple dans l'un & l'autre Ca- dran, fi les heures font terminées par les tropiques, com- me il paroît dans l'oriental ; mais fi les horaires font pro- longées au-delà, il faudra joindre un axe paffant par la pointe du ftile où il y aura un bouton.

Tracer les arcs des fignes fur les Cadrans équinoxiaux.
Planche 16. figure 28.

COntre-tirez le trigone des fignes comme je l'ay enfei- gné ci-devant, pour avoir le triangle b a h, par le fom- met duquel tracez B C perpendiculaire au rayon a e : cet- te préparation étant faite, déterminez pour Cadran équi- noxial fuperieur, un ftile, dont la hauteur A E perpendi- culaire au plan foit proportionnée à l'étenduë que l'on

D ij

veut occuper; portez A E en a D fur B C du côté des fignes feptentrionaux.

Par le point D tracez une parallale au rayon a e, laquelle coupera en F G H les rayons de ♋, de ♊, ♌, & de ♉, ♍, prolongez fi befoin eft.

Du centre A du Cadran fuperieur, & de l'intervale D H décrivez l'axe de ♉ & ♍: du même centre de l'intervale D G, décrivez l'axe ♊ & ♌, & de l'intervale D F l'axe de ♋.

Maintenant pour avoir fur ce Cadran une ligne horizontale qui marque le lever & le coucher du Soleil pour Paris & fes environs, fur la ligne de 6 heures, faites A I égal à A E, & au point I l'angle A I K de 49 degrez latitude de Paris.

Par le point K ou I K rencontre A K, tracez au-deffus l'horizontale propofée, laquelle doit paffer par les interfections de l'arc de ♋ fur les lignes de 4 heures du matin & de 8 heures du foir, cet arc & les autres doivent être terminez à la ligne horizontale, au-deffus de laquelle ils font inutiles.

Equinoxial inferieur.

L'On fera dans ce Cadran une femblable operation que dans le précedent, excepté que D H fera tracé du côté de a B, où font les lignes méridionaux qui conviennent à ce Cadran, fi mieux l'on n'aime fe fervir de D H, premiere tracée & attribée aux points F G H. Les caracteres des fignes oppofez aux correfpondans de ces points, la ligne horizontale doit paffer par le point K au-deffous du centre du Cadran par les interfections de l'axe de ♐, fur les lignes de 8 heures du matin & de 4 heures du foir.

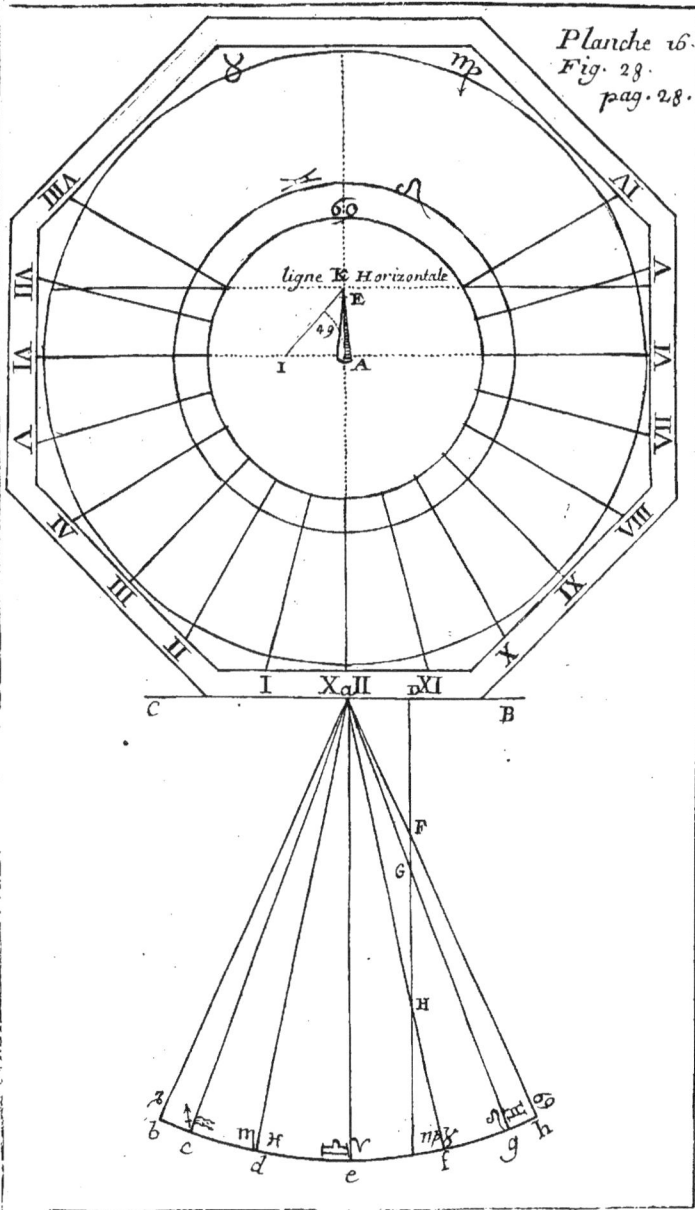

Planche 16.
Fig. 28.
pag. 28.

ligne E Horizontale

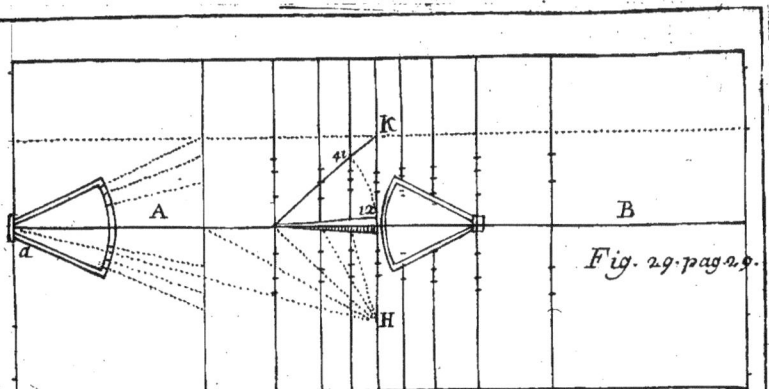

K

41

12

a

A

B

Fig. 29. pag. 29.

H

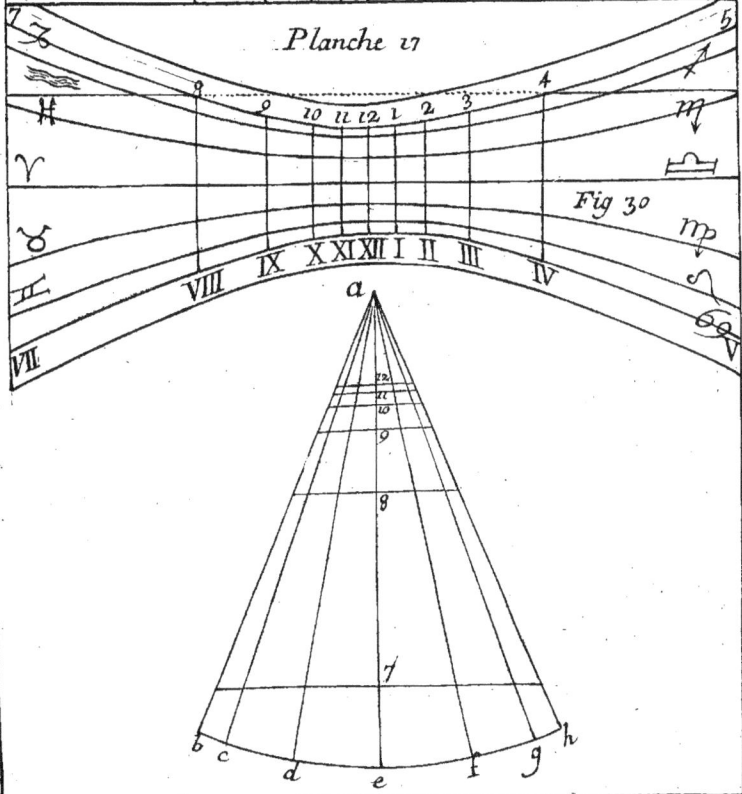

♑

♒

♓

♈

♉

♊

♑

Planche 17

8

9   10   11 12   1   2   3   4

5

♐

♍

♎

Fig 30

♍

♌

♋

VII   VIII   IX   X XI XII I II III   IV

V

a

12
11
10

9

8

7

b   c   d   e   f   g   h

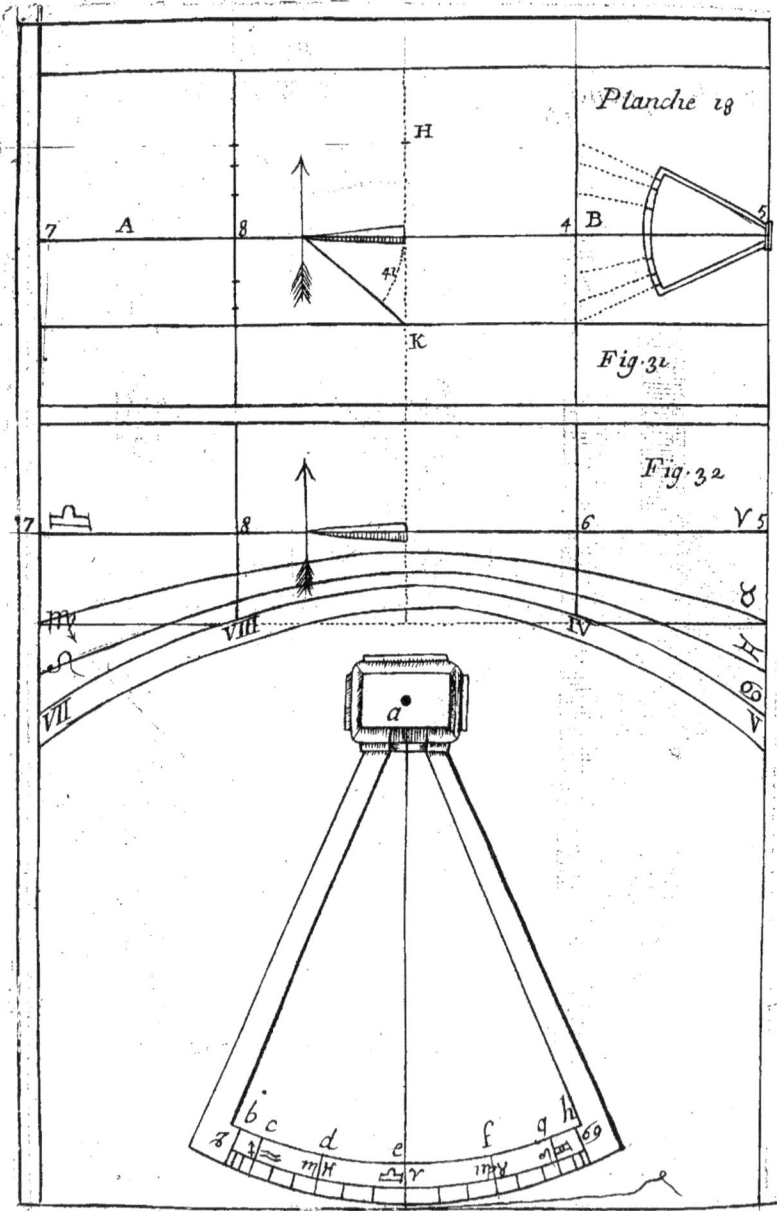

Planche 18

Fig. 31

Fig. 32

Regle a plomb

Planche 21.
Fig. 37. pag. 31.

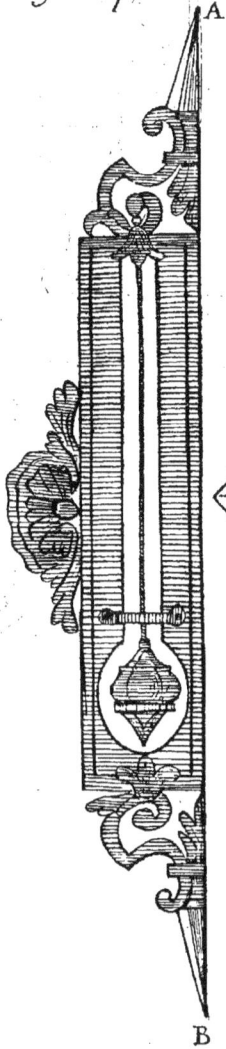

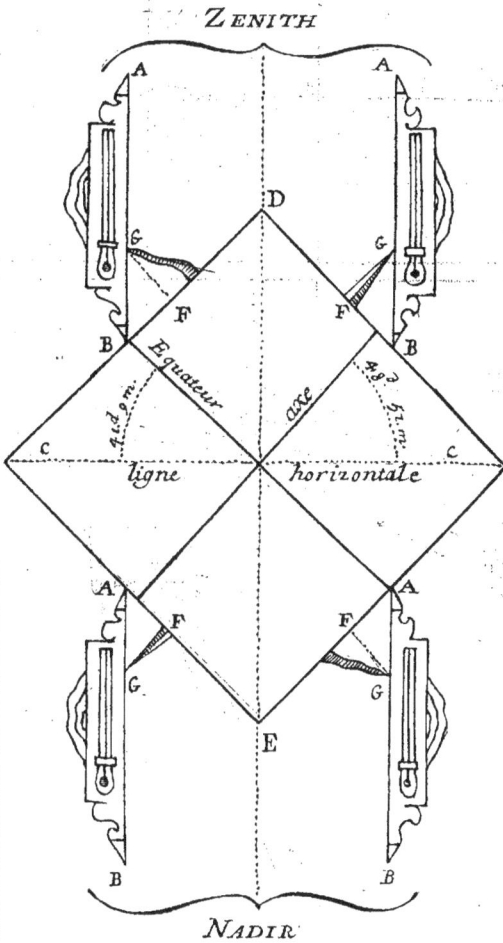

ZENITH

A   A

D

G   G

F   F

B   Equateur   axe   B

c   ligne   horizontale   c

A   F   F   A

G   G

E

B   B

NADIR

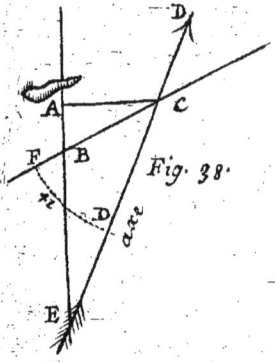

Fig. 38.

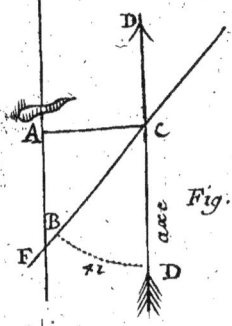

Fig. 39.

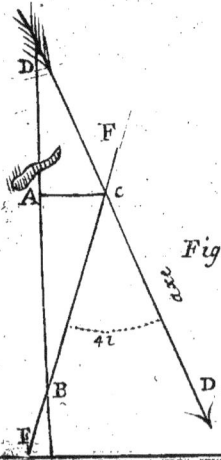

Fig. 40.

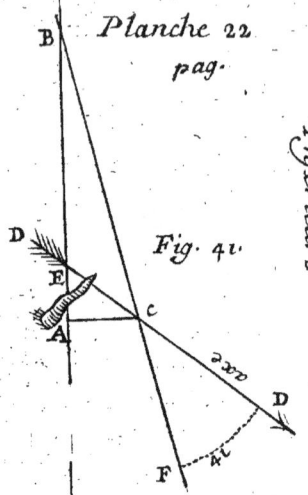

Fig. 41.

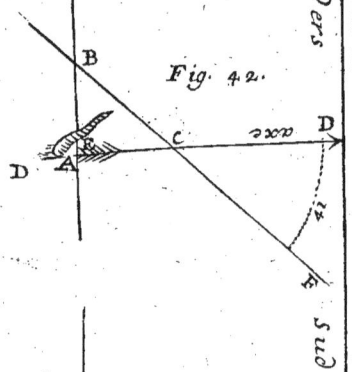

Fig. 42.

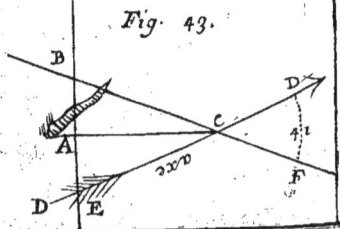

Fig. 43.

Supérieurs

Vers

sud

Inférieurs

Vers

Sud

Tracer les arcs des signes sur les Cadrans polaires.
Planche 17. figure 29. & 30.

LEs arcs des signes seront tracez sur le polaire superieur, de même que sur l'oriental & l'occidental, soit
par la premiere méthode en faisant sur la ligne de Midi
l'intervale 12. H égal à 12. 9, hauteur perpendiculaire du
stile droit, ou l'intervale 12. 3., & traçant du point H des
droites, qui donneront sur A B des points où l'on posera
le centre du trigone pour déterminer le passage des arcs
sur les horaires correspondantes, (par exemple) le point
a, au respect de la ligne de 9 heures , & ainsi des autres,
remarquant que le point 3 sert pour la ligne de Midi, ou
bien par la seconde méthode, en contre-tirant la figure du
trigone, & y appliquant les droites tirées du point H pour
avoir des paralleles divisées, comme le doivent être les
horaires qui leur correspondent, observant que chacune
de ces paralleles est commune à des horaires également
éloignées de celle du Midi, l'horizontale se tracera par le
point K au-dessus de 12, ayant fait l'angle 12. 9. K, de 41
degré, complement de la latitude de Paris.

L'on fera les mêmes operations sur le polaire inferieur,
qui ne differe du superieur qu'en ce que la ligne horizontale passe au-dessous du point 12, & qu'il ne porte que
les arcs des signes septentrionaux. *Planche* 18. *figure* 31.
& 32.

A l'égard du stile il sera simple, ou composé dans l'un
ou l'autre polaire, selon que les heures seront renfermées
par les arcs, ou qu'elles seront prolongées au dehors.

Connoître l'heure au rayon de la Lune. Planche premiere, figure premiere.

Bfervez fur un Cadran au Soleil l'heure marquée par la Lune, par exemple, XI. heures, cherchez par les Epactes ou autrement l'âge de la Lune ce jour-là. Je fuppofe que vous trouviez le fixiéme jour, avec un compas commun, prenez fur l'échelle de l'âge de la Lune l'intervale o 6, portez cet intervale fur la ligne des heures lunaires, pofant une des pointes du compas fur le point XI. de la premiere partie de cette ligne ; l'autre pointe tournée vers XII. tombera fur la même ligne au point de III. heures $\frac{3}{4}$ qui fera la vraye heure au Soleil.

SECONDE PARTIE.

De l'inclinaison des Plans. Planche 19. figure 33. 34.

LE plan incliné est celui qui n'est ni horizontal ni vertical, il reçoit divers noms selon qu'il est exposé au respect des diverses parties du monde; ainsi il y a l'incliné au Nord qui est tourné au Septentrion, l'incliné au Sud qui est tourné au Midi, l'incliné à l'Est qui regarde l'Orient, & l'incliné à l'Oüest qui regarde l'Occident.

L'incliné & déclinant du Nord à l'Est, l'incliné & déclinant du Nord à l'Oüest, l'incliné & déclinant du Sud à l'Est, & l'incliné & déclinant du Sud à l'Oüest.

Chacun de ces plans peut être superieur, c'est-à-dire, tourné vers le Ciel & incliné du Zenit à l'horizon, ou inferieur s'il est tourné vers la terre, & incliné du nadir à l'horizon.

De tous ces plans on ne considere ordinairement que le polaine qui est parallele à l'axe du monde, & l'équinoxial auquel cet axe est perpendiculaire, les autres ne se rencontrant que tres-rarement sur des polyhedres.

Le polaire superieur est à Paris un incliné du zenit vers le Sud, faisant avec l'horison un angle de 48 degrez 51 minutes, qui est aussi celui de la latitude.

Le polaire inferieur est parallele au superieur, mais incliné du nadir vers le Nord.

L'équinoxial superieur est à Paris incliné du nadir au Sud qu'il regarde directement, & faisant avec l'horizon un angle de 41 degrez 9 minutes, qui est le complement de la latitude.

L'équinoxial inferieur eſt parallele au ſuperieur, mais incliné du nadir au Sud qu'il regarde directement : on conſtruit ſur ces differens plans autant de Cadrans qui portent leur nom.

La figure I. repreſente le deſſus d'un polyhedre avec tous les plans ſuperieurs , tant inclinez qu'inclinez & déclinant.

La figure II. repreſente le deſſous du même polyhedre avec tous les plans inferieurs, tant inclinez qu'inclinez dé-clinans.

Maniere de déterminer l'inclinaiſon de plans.
Planche 20. figure 35. 36.

POur connoître l'inclinaiſon d'un plan on ſe ſert d'un rectangle A B C D , ſur lequel eſt tracé un quart de cercle dont les rayons ſont paralleles à deux cô-tez du rectangle , & l'arc diviſé en 90 degrez.

Au centre de cet arc eſt attaché un fil qui porte un plomb ſur les degrez.

On applique le côté C D de cet inſtrument contre les plans inclinez ſuperieurs, & le côté oppoſé D A, contre les inferieurs, le fil razans alors la ſurface du rectangle y marque les degrez de l'inclinaiſon de ces plans.

Ainſi pour déterminer l'inclinaiſon d'un plan incliné ſuperieur 1. 2. 3. 4. tracez à niveau ſur ce plan la ligne horizontale F G.

Par un point H , pris à volonté ſur F G , tracez la per-pendiculaire I K , qui ſera la verticale du plan. Sur I K appliquez le côté C B du rectangle que vous rendrez ver-tical par le moyen du fil qui ira le razer librement : ce fi-let ou ſon plomb en tombant ſur les degrez de l'arc (par exemple) ſur le 49ᵉ degré , fera connoître que l'inclinai-ſon de ce plan ſera de 49 degrez , qui eſt auſſi la valeur de l'angle L I K qui la meſure.

On connoîtra de la même maniere l'inclinaiſon d'un plan inferieur en appliquant contre ſa verticale l'autre côté C D du rectangle.

Quand

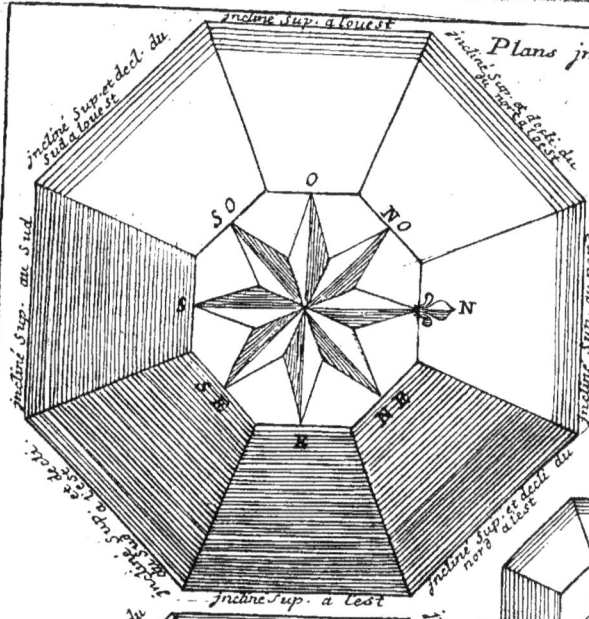

Plans *jnclinez* Superieurs a thorizon

Fig. 33.
Planche 19.

pag 31

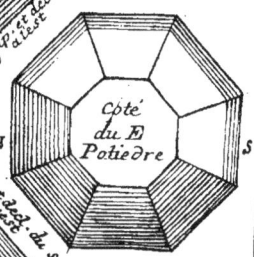

Coté du E Potiedre

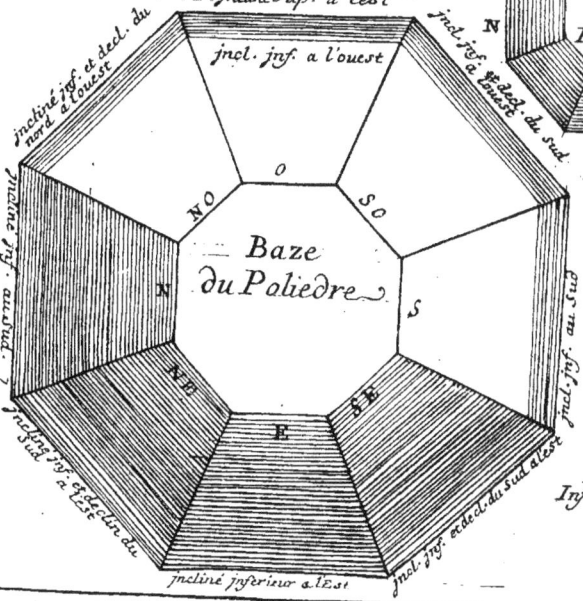

Baze du Poliedre

Fig. 34.

Plans *jnclinez* Inferieurs alhorisó

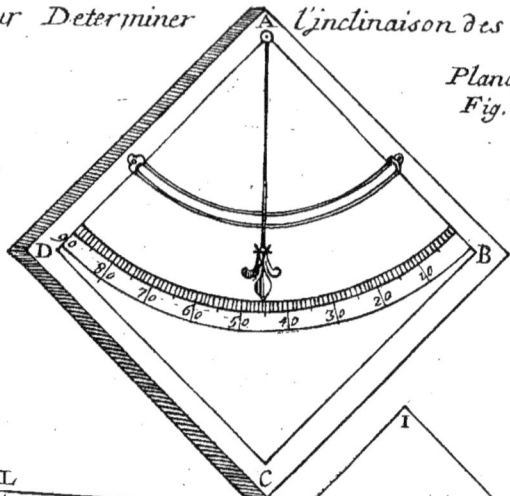

Pour Determiner l'inclinaison des Plans

Planche 20.
Fig. 35.

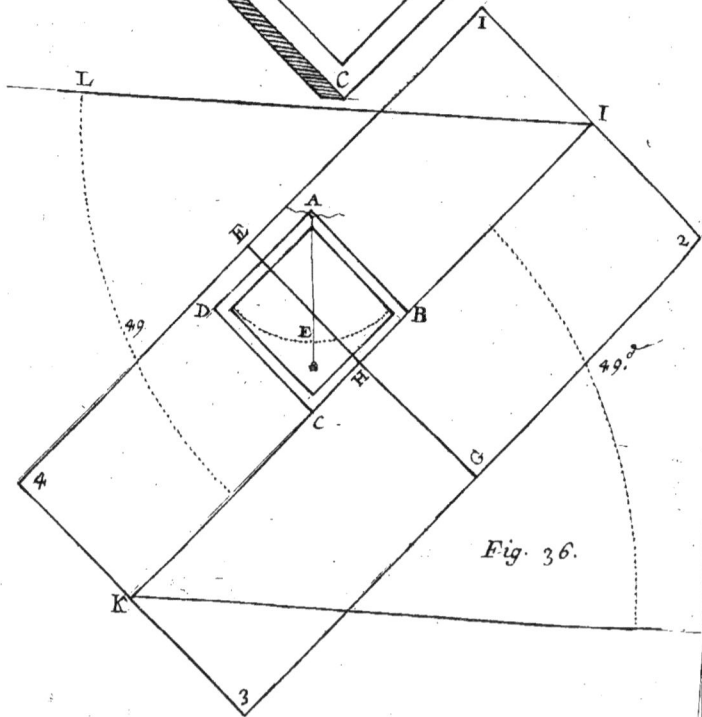

Fig. 36.

Quant à la déclinaison des plans inclinez déclinans, on la trouvera par la méthode que l'on a donnée pour les verticaux.

Préparation pour suppléer à la connoissance de l'inclinaison des plans. Planche 21. figure 37.

L'On peut tracer un Cadran sur un plan incliné sans connoître la quantité de son inclinaison, en marquant sur ce plan la projection verticale de la pointe d'un stile que l'on y aura posé.

Cela se fera aisément avec une petite regle de métail, dont les extrêmitez sur un même bord sont terminées en pointes A B, & sur laquelle est une parallele à ce bord avec un fil & un plomb qui servent à mettre dans une situation verticale cet instrument, auquel on peut donner le nom de regle à plomb.

Pour s'en servir sur un plan incliné superieur, soit C D, le profil de ce plan, & F G un stile posé dessus, appliquez contre la pointe G du stile le bord A B de la regle à blomb, & la mettez verticale par le moyen du fil qui doit couvrir librement la parallele.

Marquez alors sur le plan le point B, où touchera la pointe inferieure de cette regle, ce point B sera le projectif vertical de la pointe G du stile; mais pour les differencier, je le nommeray dans la suite le point projectif du zenit, d'autant que le zenit répond au-dessus de ce point.

Si le plan est inferieur comme E C le represente, & F G le stile, on posera contre la pointe G le même bord A B de la regle à plomb, puis la mettant verticale on marquera sur le plan le point A, où touchera la pointe superieure de la regle : ce point A sera aussi le projectif vertical de la pointe G du stile, lequel s'appelle le projectif du nadir, parce que le nadir répond au-dessous de ce point.

Si le projectif du zenit ou du nadir tomboit hors du

E

plan, il faudroit ou diminuer la longueur du ſtile ou l'é. loigner de l'endroit auquel ce point peut rencontrer le plan.

On remarquera, 1°. que le projectif du zenit eſt toûjours au-deſſous du pied du ſtile dans les plans ſuperieurs. 2°. Que le projectif du nadir eſt toûjours au-deſſus du pied du ſtile dans les plans inferieurs. 3°. Que la droite tracée par ce projectif & le pied du ſtile eſt toûjours la verticale propre de l'un & de l'autre plan, c'eſt-à-dire, la rencontre de chacun de ces plans, avec un vertical qui lui eſt perpendiculaire. 4°. Que par le pied projectif du ſtile l'on entend un point du plan le plus proche de la pointe du ſtile, & au-deſſus duquel elle répond perpendiculairement à ce plan. 5°. Que le ſtile peut bien être poſé ſur le point que l'on appelle ſon pied projectif, mais qu'il vaut mieux le poſer ailleurs, principalement quand il y aura des lignes à tracer par ce point.

Suite de la préparation précedente pour déterminer l'eſpece des Cadrans ſur les plans inclinez à l'horizon, & perpendiculaires au cercle méridien. Planche 22. figure 38.

PAr le point A, pied projectif du ſtile, tracez A C de niveau & égal à la hauteur perpendiculaire du ſtile par-deſſus le plan.

Par les points A, pied projectif du ſtile B, projection du zenit ou du nadir, tracez A B méridienne du plan, laquelle doit ſe trouver d'équierre à A C.

Par les points C B tracez la droite C F, ſur laquelle & au point C, faites & à main droite (ſi le plan eſt vers le Sud) ou à main gauche (s'il eſt vers le Nord) l'angle F C D égal au complement à 90 degrez de l'élevation polaire, c'eſt-à-dire de 41 degrez pour Paris & les environs.

Le côté D C D de cet angle que l'on prolongera au-de-là du ſommet, repreſentera l'axe du monde, & déterminera l'eſpece du Cadran; obſervant, 1°. que dans les inclinez vers le Sud, *Figure* 38. D C D , rencontrant A B au-deſſous du point A , déterminera un Cadran incliné ſuperieur, ayant le centre E en bas, & l'axe élevé ſur le plan de la quantité de l'angle A E C.

Figure 39. *planche* 22. D C D étant parallele a A B déterminera un Cadran incliné ſuperieur, n'ayant point de centre, & dont l'axe ſera parallele au plan ; c'eſt un polaire ſuperieur.

Figure 40. *planche* 22. D C D rencontrant A B au-deſſus du point A , déterminera un Cadran incliné ſuperieur, ayant le centre E en haut, & l'axe élevé ſur le plan de la quantité A E C.

Figure 41. *planche* 22. D C D rencontrant A B au-deſſus du point A , déterminera un Cadran incliné inferieur, ayant le centre E en haut, & l'axe élevé ſur le plan de la quantité A E C.

Figure 42. *planche* 22. D C D rencontrant A B au point A , déterminera un Cadran incliné inferieur, ayant le centre E au milieu, & l'axe perpendiculaire au plan ; c'eſt un équinoxial inferieur.

Figure 43. *planche* 22. D C D rencontrant A B au-deſſous du point A, déterminera un Cadran incliné inferieur, ayant le centre E en bas, & l'axe incliné ſur le plan de la quantité A E C.

Figure 44. *planche* 23. les points D C D rencontrant A B au-deſſous du point A , le Cadran ſera un incliné ſuperieur, ayant le centre E en bas, & l'axe élevé ſur le plan de la quantité A E C.

Figure 45. *planche* 23. D C D rencontrant A B au point A , le Cadran ſera un incliné ſuperieur, ayant le centre E au milieu de l'axe élevé perpendiculairement au-deſſus, c'eſt-à-dire un équinoxial ſuperieur.

Figure 46. *planche* 23. D C D rencontrant A B au-deſſus du point A , le Cadran ſera un incliné ſuperieur, ayant le centre E en haut & l'axe élevé ſur le plan de la quantité A E C.

Figure 47. *planche* 23. D C D rencontrant A B au-deffus du point A, le Cadran fera un incliné inferieur, ayant
le centre E en haut & l'axe élevé fur le plan de la quantité A E C.

Figure 48. *planche* 23. D C D étant parallele à A B, le
Cadran fera un incliné inferieur, n'ayant point de centre,
& dont l'axe fera parallele au plan, c'eft-à-dire un polaire inferieur.

Figure 49. *planche* 23. D C D rencontrant A B au-deffous du point A, le Cadran fera un incliné inferieur, ayant
le centre E en bas & l'axe élevé fur le plan de la quantité de A E C.

J'ay donné dans la premiere partie de cet ouvrage la
conftruction des polaires & des équinoxiaux, comme étant
des Cadrans reguliers, j'enfeigneray dans la fuite de cette
feconde partie la maniere de tracer les autres.

Tracer un incliné fuperieur tourné au Sud, ayant le centre
en bas. Planche 24. figure 50.

ARrêtez fur le plan un ftile de la longueur convenable, dont vous déterminerez le pied projectif A,
comme auffi le projectif C du zenit, ainfi qu'il a été enfeigné. Par le point A tracez de niveau A B égal à la hauteur perpendiculaire du ftile par-deffus le plan : par le
point A C, tracez la méridienne G N qui doit fe trouver
d'équierre avec A B.

Tracez B C R ligne du zenit, fur & à la droite de laquelle faites au point B l'angle R B N de 41 degrez, complement de 49 degrez latitude donnée pour Paris & fes
environs ; N B O qui reprefentera l'axe du monde, déterminera fur G N le centre N du Cadran. Faites B 12 d'é-
quierre à B N pour avoir fur G N le point 12.

Maintenant prenez fur la regle horaire l'intervale XII.
III ou XII. IX. fon égal, qui eft la grandeur du rayon de
l'équateur, & le portez de 12 en H fur 12 B prolongée fi

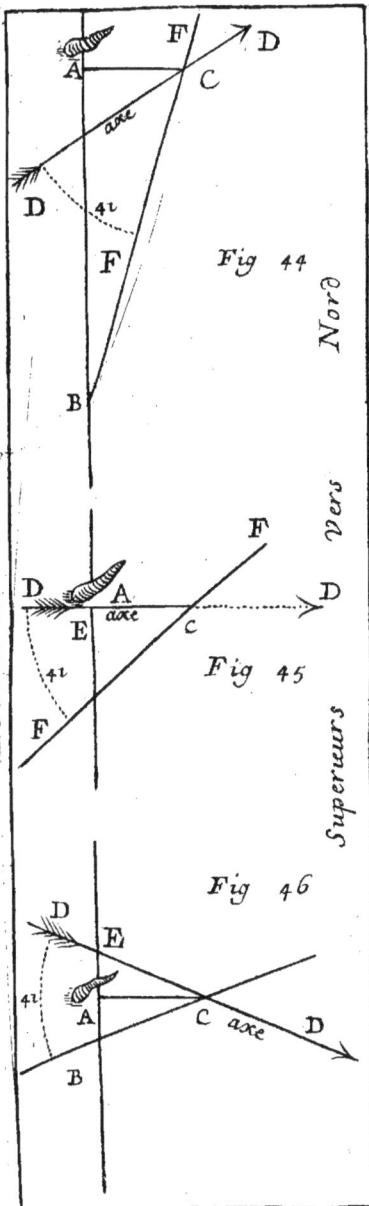

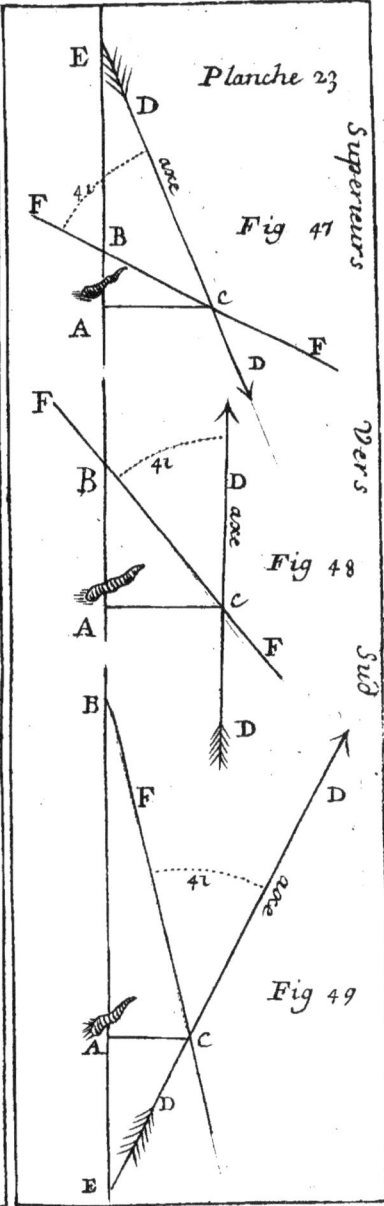

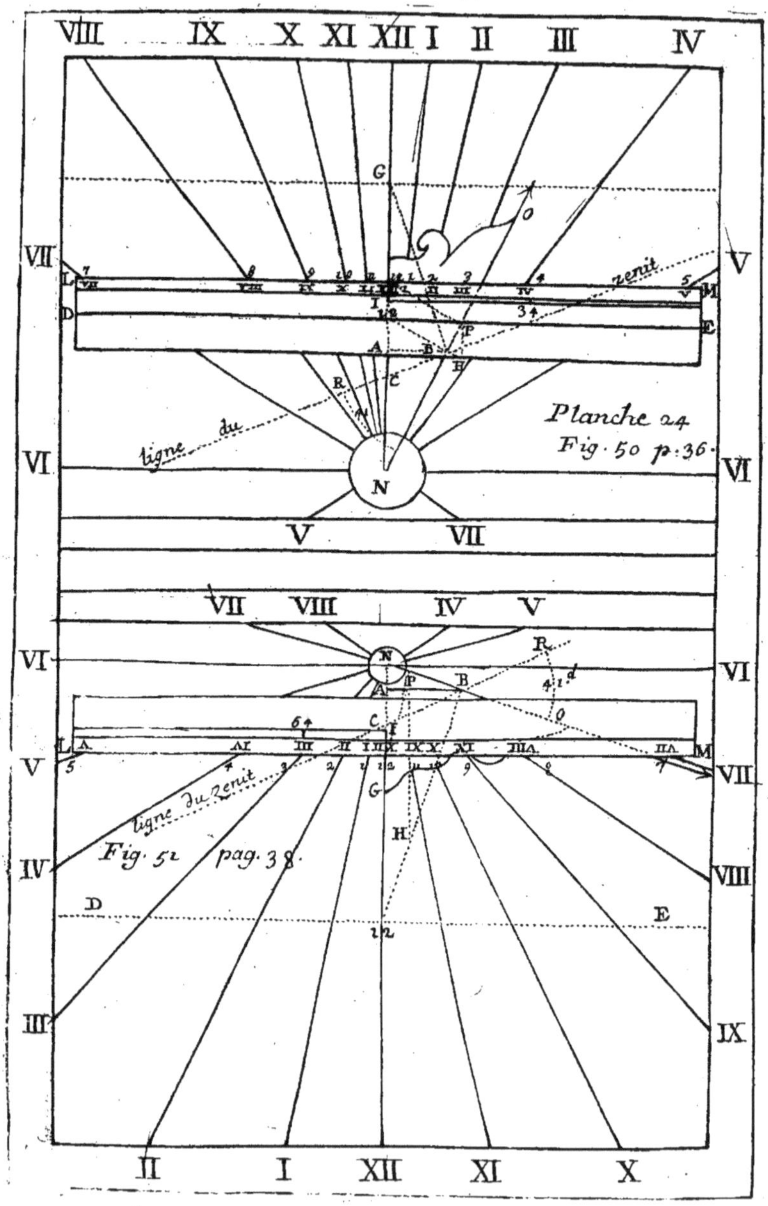

VIII IX X XI XII I II III IV

C

o

VII V
L *7* *8* *9* *10* E *11* *1* *2* *3* *4* *5* M
VIII IX X XI XII I II III IV *zenit*
D *12* *3* E
I
A B
R *t* H
n

ligne du

VI ──────────────── ○ ──────────────── VI
N

V VII

Planche 24
Fig. 50 p. 36.

VII VIII IV V

VI ──────────────── ○ ──────────────── VI
N R
A P B *4 d*
6 C *I* *o*
L A XI III II III IV V VI VIIA M
V *5* *1* *2* *12* *11* *10* *9* *8* *7* VII
G
ligne du Zenit
H

IV Fig. 51 pag. 38. VIII

D *12* E

III IX

II I XII XI X

befoin eft: fi le point H tombe au point B (comme il arrivera) 12 B étant égal à 12 H par le point 12 , & répondant à B , tracez de niveau l'équinoxiale D E ; mais fi le
point H. tombe hors de B , ce qui arrivera , 12 H étant
plus ou moins grand que 12 B.

Par le point H vous tracerez H P parallele à G N , &
rencontrant N O au point P au-deffus ou au-deffous de B ,
tracez enfuite P 12 d'équierre à N O pour avoir fur G N
un autre point 12, par lequel vous tracerez de niveau L M
dont il faudra fe fervir au lieu de D E : D E ou fa femblable L M étant ainfi déterminée, vous y appliquerez le bord
divifé de la regle horaire , les points XII. 12 tombant l'un
fur l'autre.

Marquez fur cette ligne les points 7. 8. 9. 10. 11 : 1. 2. 3.
4. 5. vis à vis de ceux VII. VIII. IX. X. XI : I. II. III. IIII.
V. de la regle ; du centre N, tracez par ces points autant
de lignes horaires pour fervir depuis VII. heures du matin
jufques à V. heures du foir, les autres lignes horaires feront tracées ; fçavoir celle de VI. heures à niveau par le
point N , celle de V. heures du matin en prolongeant au-
delà du point N la ligne de V. heures du foir, & celle de
VII. du foir en prolongeant de même la ligne de VII. du
matin ; fi l'on veut marquer la ligne horizontale on la tracera de niveau par le point G donné fur G N par B G perpendiculaire à B C.

On pourra fe fervir du ftile déja pofé , ou bien d'une lame de métail taillée felon l'angle G N O , & fixée fur
G N à l'équierre du plan, l'axe N O fera parallele à l'axe
du monde, en s'élevant du plan vers le pole boreal.

Remarque.

On peut réduire l'incliné cy-deffus à un fimple Cadran
horizontal , dont la latitude foit égale à l'élevation du ftile par-deffus le plan du Cadran, c'eft-à-dire à l'ouverture de
l'angle G N O , ce qui fournit encore un moyen de déterminer la pofition de la regle horaire : car fuppofant que cet

angle G N O ſoit de 34 degrez, on prendra ſur la lign
centrale l'intervalle I. 34 qui répond à cet angle, & le portant ſur G N de N en 12, on aura comme cy-devant le
point 12 pour la poſition de la regle.

*Tracer un Cadran incliné ſuperieur, tourné au Nord le
centre en haut.* Planche 24. figure 51.

ARrêtez ſur le plan un ſtile de longueur convenable,
duquel vous déterminerez le pied projectif A, comme auſſi le projectif C du zenit. Par le point A tracez de
niveau A B égal à la hauteur perpendiculaire du ſtile par-
deſſus le plan : par les points A C tracez la méridienne
G N, qui doit ſe trouver d'équierre avec A B.

Tracez C B R, ſur & à la gauche de laquelle faites au
point B l'angle R B O de 41 degrez, complement de 49
degrez, latitude donnée pour Paris & ſes environs ; O B N
qui repreſente l'axe du monde déterminera ſur G N le
centre N du Cadran.

Faites P 12 d'équierre à B N pour avoir ſur G N le point
12. Maintenant prenez ſur la regle horaire l'intervalle XII.
III. & le portez de 12 en H ſur 12 B, prolongée ſi beſoin
eſt; ſi le point H tombe au point B, ce qui arrivera, 12
B étant égal à 12 H. Par le point 12 correſpont à B tracez de niveau l'équinoxiale D E ; mais ſi le point H tombe hors de B, par ce point H vous tracerez H P parallele
à G N, & rencontrant N O en P au-deſſus ou au-deſſous
de B.

Tracez auſſi P 12 d'équierre à N O pour avoir ſur G N
un autre point 12, par lequel vous tracerez de niveau L M
qui ſervira au lieu de D E : D E ou ſa correſpondante L M
étant auſſi déterminée, vous y appliquerez le bord diviſé
de la regle horaire, les points 12. XII. tombant l'un ſur
l'autre.

Marquez ſur cette ligne les points 5. 4. 3. 2. 1 : 11. 10. 9.
8. 7. vis à vis de ceux V. IIII. III. II. I : XI. X. IX. VIII. VII.

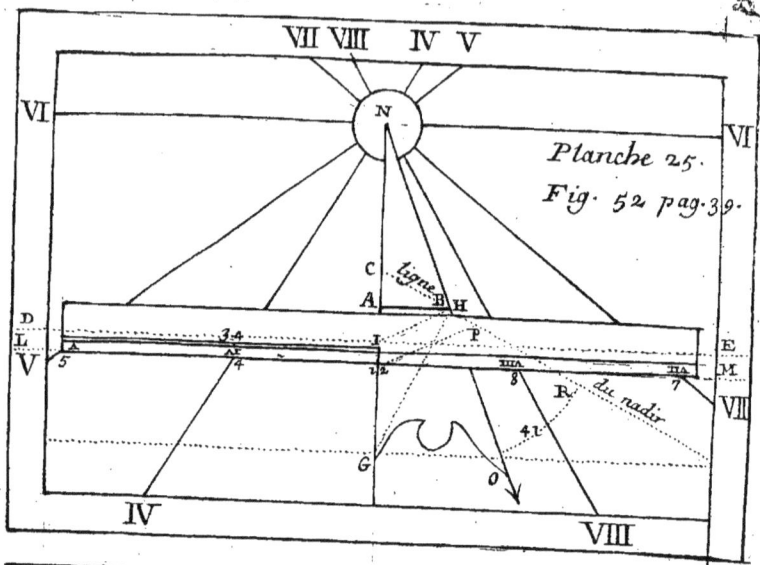

Planche 25.
Fig. 52 pag. 39.

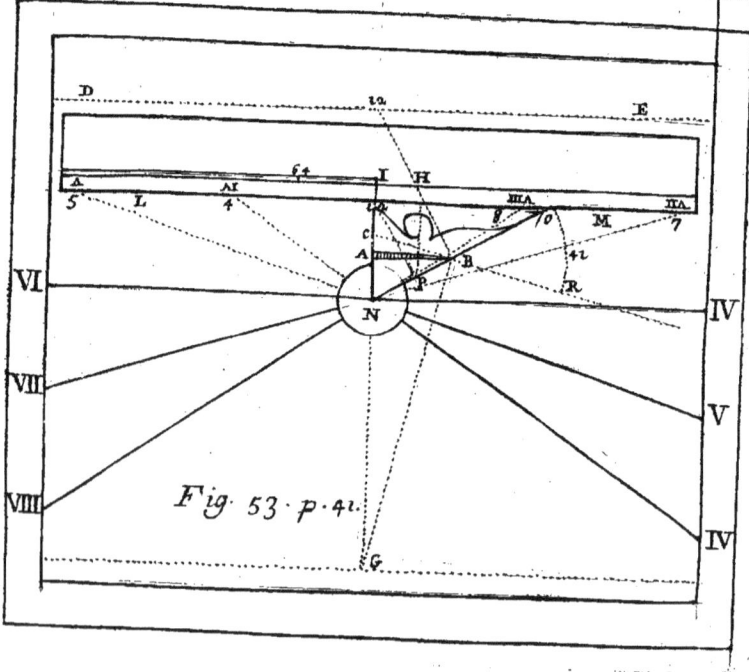

Fig. 53. p. 41.

de la regle ; du centre N tracez par ces points autant de lignes horaires pour servir depuis VII. heures du matin jusques à V. du soir, & la ligne de VI. heures à niveau par le point N.

On aura V. & IIII. du matin & VII. & VIII. du soir en prolongeant au-delà du point N les lignes de IIII. & de V. du soir, & de VII. & VIII. du matin qui sont les heures que le Cadran peut porter dans les grands jours. Le stile pourra être celui déja posé, ou bien une lame taillée selon l'angle G N O, & fixée sur G N à l'équierre du plan, l'axe N O sera parallèle à l'axe du monde, en s'élevant du plan vers le pole boreal, la ligne horizontale se trouvera comme à la figure précedente.

REMARQUE.

On peut réduire ce Cadran à un simple horizontal, dont la latitude soit égale à l'élevation du stile par-dessus le plan, c'est-à-dire à l'ouverture de l'angle G N O, ce qui fournit encore un moyen pour poser la regle horaire : car supposant que cet angle G N O soit de 64 degrez, on prendra sur la ligne centrale l'intervale I. 64, qui répond à cet angle, & le portant sur G N de N en 12, on aura comme ci-devant le point 12 sur lequel doit poser le bord de la regle.

Incliné inferieur tourné au Nord, ayant le centre en haut.
Planche 25. figure 52.

Rrêtez sur le plan un stile de longueur convenable, dont vous déterminerez le pied projectif A ; comme aussi le pied projectif C du nadir : par le point A, tracez de niveau A B égal à la hauteur perpendiculaire du stile par-dessus le plan : par les points A C tracez la ligne de minuit N G qui doit se trouver d'équierre avec A B, tracez aussi C B R, sur & à la gauche de laquelle faites au point B l'angle R B O de 41 degrez, complement de 49 degrez

latitude donnée pour Paris & fes environs, O B N qui reprefentera l'axe du monde déterminera fur G N le centre
N du Cadran.

Faites B 12 d'équierre à B N pour avoir fur G N le point
12, par lequel tracerez de niveau l'équinoxiale D E, pourvû que 12 B fe trouve être égal à l'intervale XII. III. de
la regle horaire, finon faites 12 H égal à cet intervale
XII. III. H P, parallele à G N & P 12 d'équierre à N O,
ce qui donnera fur N G un autre point 12, par lequel vous
tracerez L M, qui fervira au lieu de D E.

Sur L M appliquez le bord divifé de la regle horaire,
les points XII. 12 tombant l'un fur l'autre, marquez fur
L M les feuls points 5. 4: 8. 7. vis à vis des points V. IIII.
VIII. VII. de la regle ; du centre N, tracez par ces points
les lignes de IIII. & de V. heures du foir en les prolongeant au-delà du point N, pour avoir celles de IIII. & V.
heures du matin, & les lignes de VII. & VIII. du matin
prolongées de même pour avoir VII. & VIII. du foir, la
ligne de VI. heures fe tracera de niveau par le point N. Ce
font toutes les heures qui peuvent être marquées fur ce
plan, le Soleil ne l'éclairant que quatre heures dans les
grands jours : fi l'on veut une ligne horizontale on la tracera de niveau par G donné fur N C par B G, perpendiculaire à C R.

Le ftile fera une tige ou lame de métail taillée fur l'angle G N O, & fixée fur G N à l'équierre du plan, l'axe
N O parallele à l'axe du monde s'abaiffera du plan vers
le pole auftral. *Nota* que ce Cadran inferieur vers Nord
ayant fon inclinaifon pareille à celle de l'incliné fuperieur
vers Sud, qui a le centre en bas ; l'un eft le revers de haut
en bas de l'autre : celui-ci ne differe de celui-là que par la
fuppreffion des heures inutiles & la pofition des caracteres.

REMARQUE.

On peut réduire ce Cadran à un fimple horizontal dont
la latitude foit égale à l'élevation du ftile par-deffus le
plan,

plan, c'eft-à-dire, à l'ouverture de l'angle G N O, ce qui fournit encore un moyen de terminer la pofition de la regle horaire : car fuppofant que cet angle G N O foit de 34 degrez, on prendra fur la ligne centrale l'intervale I. 34 qui répond à cet angle, & le portant fur G N en N 12, on aura le même point 12 pour la pofition de la regle.

Incliné inferieur tourné au Sud, ayant le centre en bas.
Planche 25. figure 53.

ARrêtez fur le plan un ftile de longueur convenable, dont vous déterminerez le pied projectif A, comme auffi le projectif C du nadir : par le point A tracez de niveau A B égal à la hauteur perpendiculaire du ftile par-deffus le plan ; par les points A C, tracez la méridienne G N qui doit fe trouver d'équierre avec A B, tracez C B R ligne du Midi, & à la droite de laquelle faites au point B l'angle R B O de 41 degrez, complement de 49 degrez, latitude donnée pour Paris & fes environs ; O B N qui reprefentera l'axe du monde, déterminera fur G N le centre N du Cadran, faites B 12 d'équierre à B N pour avoir fur G N le point 12.

Maintenant levez fur la ligne centrale de la regle horaire l'intervale XII. III. qui convient au rayon de l'équateur, & le portez de 12 en H fur 12 B, prolongée fi befoin eft, fi le point H tombe au point B, ce qui arrivera, 12 B étant égal à 12 H : par le point 12 correfpondant à B, tracez de niveau l'équinoxiale D E ; mais fi le point H tombe hors de B, par ce point H vous tracerez H P, parallele à G N, & rencontrant N O en P au-deffus ou au-deffous de B, tracez auffi P 12 d'équierre à N O pour avoir fur G N un autre point 12, par lequel vous tracerez de niveau L M, dont il faudra fe fervir au lieu de D E : D E & fa correfpondante L M étant ainfi déterminée, vous y appliquerez le bord divifé de la regle horaire, les points XII. 12 tombant l'un fur l'autre : marquez fur cette

F

ligne les feuls points 5. 4 : 8. 7. vis à vis de ceux V. IIII. VIII. VII. de la la regle : du centre N, tracez par ces points autant de lignes horaires prolongées au-delà du centre N, pour fervir depuis VII. heures du matin juf_ ques à VIII. & depuis IIII. heures du foir jufques à V. la ligne de VI. heures fera tracée de niveau par le point N : ce font là toutes les heures qui peuvent être marquées fur le plan, ne pouvant être éclairé du Soleil que quatre heu_ res lors qu'il parcourt les fignes méridionaux.

Si l'on veut marquer la ligne horizontale, on la trace_ ra de niveau par le point G donné fur G N par B G per_ pendiculaire à B C, le ftile fera le premier pofé, ou bien une lame de métail taillée fur l'angle C N O, & fixée fur C N à l'équierre du plan, l'axe N O parallele à l'axe du monde s'abaiffera du plan vers le pole auftral.

Nota. Ce Cadran inferieur vers le Sud ayant fon inclinai_ fon pareille à celle de l'incliné fuperieur vers le Nord, & qui a le centre en haut, eft le revers de haut en bas de l'autre : celui-ci ne differe que par la fuppreffion des heu_ res inutiles, & par la pofition de la regle, & de fes carac_ teres horaires.

REMARQUE.

On peut réduire ce Cadran à un fimple horizontal, dont la latitude foit égale à l'élevation du ftile par-deffus le plan, c'eft-à-dire, à l'ouverture de l'angle 12 N O : ce qui fournit encore un moyen pour la pofition de la regle horaire : car fi cet angle 12 N O eft, par exemple, de 64 degrez, on prendra fur la ligne centrale l'intervale I. 64, qui lui répond en le portant fur G N en N 12, on aura comme devant le point 12, fur lequel doit être pofé le bord de la regle.

VI — VI

N

Planche 26
Fig. 54. p. 43.

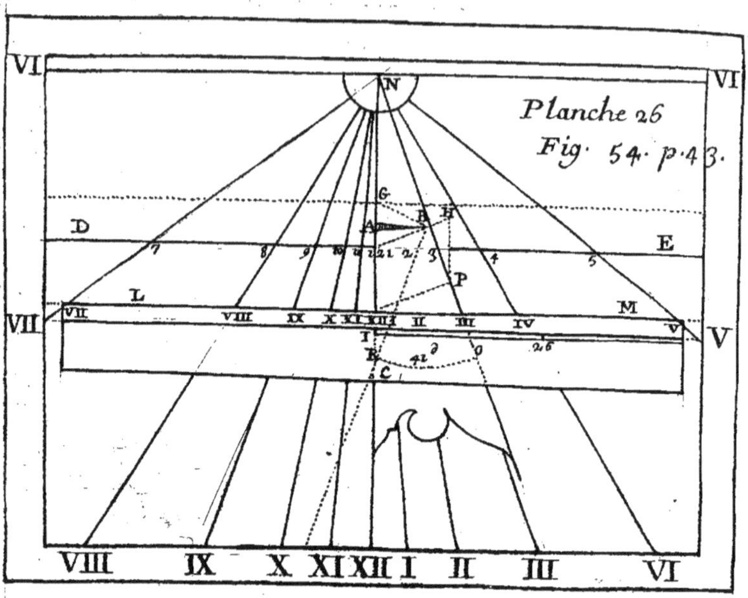

G
D — B H
A — E
7 8 9 10 11 12 1 2 3 4 5

L
M
VII — VII — VIII — IX — X — XI — XII — I — II — III — IV — V — V

I
K 11 0 26
C

VIII — IX — X — XI — XII — I — II — III — VI

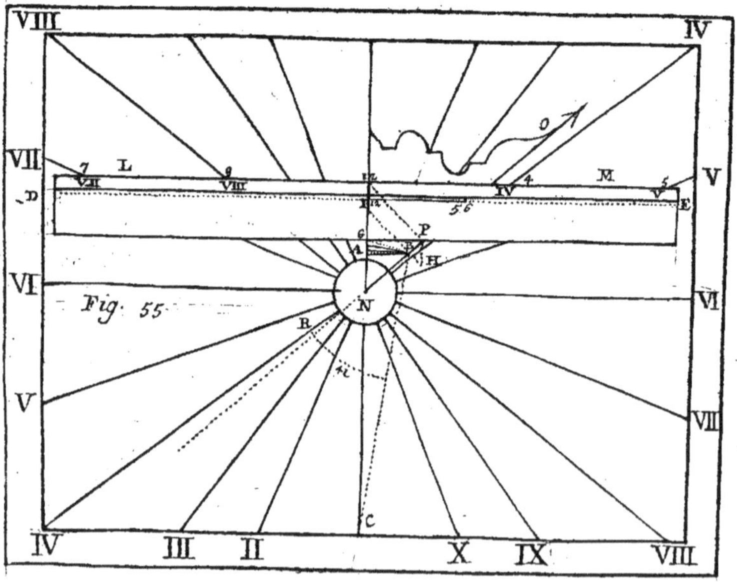

VIII — IV

O

VII — VII — L — VIII — 12 — IV 4 — M — 5 — V
D — E
III — 56
G
A — P
N — H

VI — VI

Fig. 55

B

41

V — VII

C

IV — III — II — X — IX — VIII

Tracer un incliné superieur tourné au Sud, le centre en haut.
Planche 26. figure 54.

ARrêtez sur le plan un stile de longueur convenable,
dont vous déterminerez le pied projectif A, comme
aussi le pied projectif C du zenit : par le point A, tracez
de niveau A B égal à la hauteur perpendiculaire du stile
par-dessus le plan ; par les points A C, tracez la méridienne G C, qui doit se trouver d'équierre avec A B, tracez B C R, ligne du zenit, sur & à la droite de laquelle
faites au point B l'angle B R O de 41 degrez, complement de 49, latitude donnée, A B N qui representera
l'axe du monde, déterminera sur G C le centre N du Cadran : faites B 12 d'équierre à B N pour avoir sur G C le
point 12.

Maintenant levez sur la regle horaire l'intervale XII.
III. & le portez de 12 en H sur 12 B, prolongée au besoin, si le point H tombe au point B, comme il arrivera,
12 B étant égal à 12 H ; par le point 12 correspondant à
B, tracez l'équinoxiale D E : mais si le point H tombe
hors de B, ce qui arrivera, 12 H étant plus ou moins
grand que 12 B, par le point H vous tracerez H P parallele à G N, & rencontrant N O au point P au dessus
ou au dessous de B.

Tracez ensuite P 12 d'équierre à N O, pour avoir sur
G C un autre point 12, par lequel vous tracerez de niveau L M dont il faudra se servir au lieu de D E : D E ou
sa semblable L M étant ainsi déterminée, vous y appliquerez le bord divisé de la regle horaire, les points XII.
12 tombant l'un sur l'autre.

Marquez sur cette ligne les points 7. 8. 9. 10. 11 : 1. 2. 3.
4. 5. vis-à-vis de ceux VII. VIII. IX. X. XI : I. II. III. IV.
V. de la regle : du centre N, tracez par ces points autant
de lignes horaires, pour servir depuis VII. heures jusques à
V. du soir, & la ligne de VI. heures à niveau par le point

N ; ce ſont toutes les heures que ce Cadran peut porter.

On pourra marquer la ligne horizontale à niveau par le point G donné ſur N C par B G perpendiculaire à C B : on ſe ſervira du ſtyle premier poſé, ou d'une lame taillée ſelon l'angle C N O, & fixée ſur C N à l'équierre du plan ; l'axe N O ſera parallele à l'axe du monde, en s'abbaiſſant du plan vers le pole auſtral.

REMARQUE.

On peut réduire ce Cadran à un ſimple horizontal, dont la latitude ſoit égale à l'élévation du ſtile par deſſus le plan, c'eſt-à-dire à l'ouverture de l'angle G N O, ce qui donne encore un moyen pour déterminer la poſition de la regle horaire ; car ſuppoſant que cet angle ſoit de 26 degrez, on prendra ſur la ligne centrale l'intervale I. 26 qui lui répond, & le portant ſur N C, de N en 12, on aura comme auparavant le point 12 qui a ſervi à poſer la regle.

Tracer un incliné ſuperieur tourné au Nord, le centre en bas. Planche 26, figure 55.

ARrêtez ſur le plan un ſtyle de longueur convenable dont vous déterminerez le pied projectif A, comme auſſi le pied projectif C du zenit : par le point A tracez de niveau A B, égal à la perpendiculaire du ſtyle par deſſus le plan : par les points A C, tracez la meridienne G C, qui doit ſe trouver d'équierre avec A B : tracez C B ligne du zenit, ſur & à la gauche de laquelle faites au point B l'angle C B R, de 41 degrez complement, de 49 degrez latitude donnée : R B O, qui repreſentera l'axe du monde, déterminera ſur G C le centre N du Cadran ; faites B 12 d'équierre à B N, pour avoir ſur G C le point 12.

Maintenant levez ſur la regle horaire l'intervale XII.III, qui eſt égal au rayon de l'équateur, & le portez de 12 en H ſur 12 B prolongée au beſoin : ſi le point H tombe au point B, ce qui arrivera, 12 B étant égal à 12 H, par le

point 12 correſpondant à B, tracez de niveau l'équinoxiale
D E ; mais ſi le point H tombe hors de B, par ce point H
vous tracerez H P parallele à G C, & rencontrant N O en
P au deſſus ou au deſſous de B.

Tracez auſſi P 12 d'équierre à N O, pour avoir ſur G C
un autre point 12, par lequel vous tracerez de niveau L M,
qui ſervira au lieu de D E ; cette ligne D E, ou ſa correſpondante L M, étant ainſi déterminée, vous y appliquerez le bord diviſé de la regle horaire, les points XII. 12
tombant l'un ſur l'autre, marquez ſur cette ligne les points
7. 8. 9. 10 : 2. 3. 4. 5. vis-à-vis de ceux VII. VIII. IX. X :
II. III. IV. V. de la regle.

Du centre N tracez par ces points autant de lignes horaires pour ſervir depuis IV. juſques à V. heures du matin,
& depuis VII. juſques à V. du ſoir, la ligne de VI. heures ſe
tracera à niveau par le point N : prolongeant les autres
au de-là du point N, on aura les heures depuis VII. heures
du matin juſques à X, & depuis II. juſques à V. du ſoir ; l'horizontale pourra être tracée par le point G donné ſur C N
par B G perpendiculaire à B C : on ſe ſervira du ſtyle premier poſé, ou d'une lame taillée ſelon l'angle G N O, &
fixée ſur G N à l'équierre du plan : l'axe N O qui ſera parallele à l'axe du monde, s'élevera du plan vers le pole
boreal.

REMARQUE.

On peut réduire ce Cadran à un ſimple horizontal,
dont la latitude ſoit égale à l'élevation du ſtile par deſſus
le plan, c'eſt-à-dire, à l'ouverture de l'angle G N O, ce
qui fournit encore un moyen pour déterminer la poſition
de la regle horaire : car ſuppoſant que cet angle G N O
ſoit de 56 degrez, on prendra ſur la ligne centrale l'intervale I. 56, qui lui répond, & le portant ſur N G, de
N en 12, on aura comme auparavant le point 12 qui a
ſervi à la poſition de la regle.

*Tracer un incliné inferieur tourné au Nord, le centre en
bas.* Planche 27. figure 56.

ARrêtez fur le plan un ftile de longueur convenable,
dont vous déterminerez le pied projectif A, comme auffi le projectif C du zenit : par le point A, tracez de
niveau A B égal à la hauteur perpendiculaire du ftile par
deffus le plan. Par les points C A, tracez la ligne de minuit C N qui doit fe trouver d'équierre avec A B, tracez
la ligne du nadir, fur & à la gauche de laquelle faites au
point B l'angle R B N de 41 degrez, complement de 49
degrez, latitude donnée ; O B N qui repréfentera l'axe
de monde, déterminera fur C N le centre N du Cadran ;
faites B 12 d'équierre à B N, pour avoir fur C N le point
12, par lequel vous tracerez de niveau l'équinoziale D E,
pourvû que 12 B fe trouve être égal à l'intervale XII. III.
qui répond fur la regle horaire au rayon de l'équateur,
finon faites 12 H égal à cet intervale XII. III. & H P parallele à C N, rencontrant N O par-deffus ou par-deffous
de B ; faites P 12 d'équierre à O N, ce qui donnera fur
C N un autre point 12, par lequel vous tracerez L M qui
fervira au lieu de D E ; appliquez fur L M, le bord divifé
de la regle horaire, les points XII. 12 tombant l'un fur
l'autre.

Marquez fur L M les feuls points 7. 8. 4. 5. vis à vis de
ceux VII. VIII. IIII. V. de la regle ; du centre N, tracez par ces points les lignes de IIII. & de V. heures du
matin, & celles de VII. & VIII. du foir : la ligne de VI.
heures fe tracera de niveau par le point N, on aura celles de VII. du matin & de V. du foir, en prolongeant au-
delà du point N les horaires de VII. du foir & de V. du
matin :   ce font toutes les horaires que ce Cadran peut
porter, fon plan n'étant éclairé que fix heures dans les
grands jours.

L'on fe fervira du ftile premier pofé ou d'une lame de

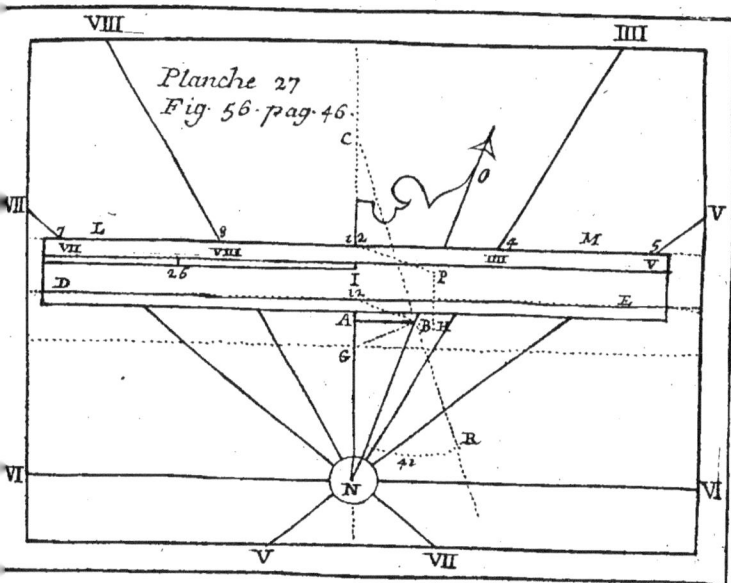

Planche 27
Fig. 56. pag. 46.

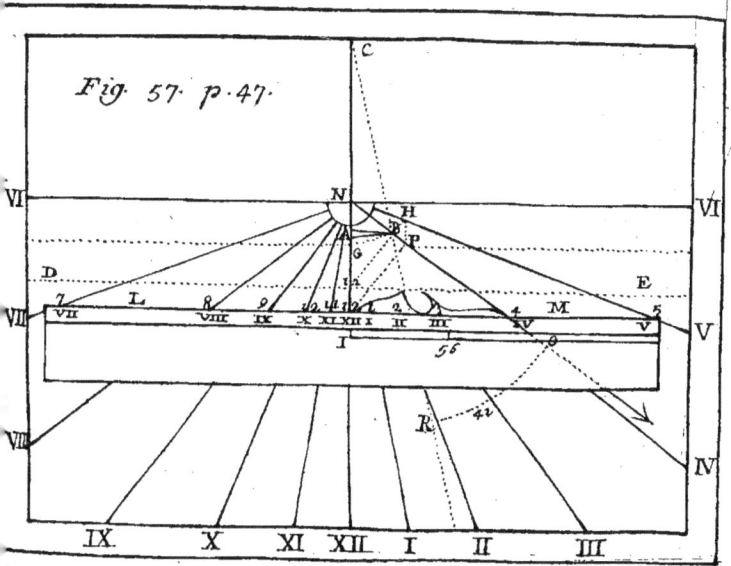

Fig. 57. p. 47.

métail taillée felon l'angle C N O, & fixée fur C N à l'é-
quierre du plan, l'axe N O fera parallele à l'axe du monde en s'élevant du plan vers le pole boreal : fi l'on veut
avoir une ligne horizontale, on la tracera de niveau par
le point G donné fur C N par B G perpendiculaire à
C B.

Ce Cadran eft l'oppofé & le renverfement du fuperieur vers Sud, ayant le centre en haut, leur inclinaifon
étant égale, & ils ne different que dans le nombre des
heures & dans la pofition de la regle horaire.

REMARQUE.

L'on peut réduire cet incliné à un fimple horizontal,
dont la latitude foit égale à l'élevation du ftile par
deffus le plan, c'eft-à-dire, à l'ouverture de l'angle G N O,
ce qui fournit un moyen pour déterminer la pofition de
la regle horaire : car fuppofant que cet angle G N O foit
de 26 degrez, on prendra fur la ligne centrale l'intervale
I. 26 qui lui correfpond, & le portant fur N G, de N en
12, on aura comme auparavant le même point 12, qui a
fervi à la pofition de la regle.

Tracer un incliné inferieur tourné au Sud, le centre en haut.
Planche 27. figure 57.

Rrêtez fur le plan un ftile de longueur convenable,
dont vous déterminerez le pied projectif A, comme
auffi le projectif C du nadir : par ce point A, tracez de
niveau A B égal à la hauteur perpendiculaire du ftile par-
deffus le plan. Par les points A C, tracez la méridienne
C G qui doit fe trouver d'équierre avec A B, tracez C B R,
ligne du nadir fur & à la droite de laquelle faites, & au
point B, l'angle R B O de 41 degrez, complement de 49
degrez, latitude donnée, O B N qui reprefentera l'axe du
monde, déterminera fur C G le centre N du Cadran : faites B 12 d'équierre à B N, pour avoir fur C G le point 12.

Maintenant levez fur la regle horaire l'intervale XII.
III. qui eſt égal au rayon de l'équateur, & le portez de 12
en H fur 12 B, prolongée au beſoin, ſi le point H tombe
au point B, comme il arrivera, 12 B étant égal à 12 H,
par le point 12 correſpondant à B, tracez à niveau l'équinoxiale D E; mais ſi le point H tombe hors de B, ce qui
arrivera, 12 H étant plus ou moins grand que 12 B : par le
point H vous tracerez H P parallele à G C, & rencontrant
N O par-deſſus ou par-deſſous de B.

Tracez enſuite P. 12 d'équierre à N O, pour avoir ſur
C G un autre point 12, par lequel vous tracerez de niveau
L M, dont on ſe ſervira au lieu de D E; D E ou ſa ſembla-
ble L M étant ainſi déterminée vous y appliquerez le bord
diviſé de la regle horaire, les points XII. 12 tombant l'un
ſur l'autre.

Marquez ſur cette ligne les points 7. 8. 9. 10. 11 : 1. 2. 3.
4. 5. vis à vis de ceux VII. VIII. IX. X. XI : 1. II. III. IIII.
V. de la regle. Du centre N, tracez par ces points autant
de lignes horaires pour ſervir depuis VII. heures du matin
juſques à V. heures du ſoir, & la ligne de VI. heures ſe tracera à niveau par le point N : ce ſont là toutes les heures
que ce Cadran peut porter; la ligne horizontale pourra
être tracée de niveau par le point G donné ſur C N par
B G perpendiculaire à B C : on ſe ſervira du ſtile déja poſé, ou d'une lame de métail coupée ſelon l'angle G N O,
& fixée ſur G N, l'axe N O ſera parallele à l'axe du monde en s'abaiſſant vers le pole auſtral.

REMARQUE.

Ce Cadran eſt l'oppoſé, & le renverſement du ſuperieur
vers Nord, ayant le centre en bas, l'inclinaiſon de l'un &
de l'autre étant égale, & ils ne different que dans la poſition & dans le nombre d'heures; on peut le réduire à
un ſimple horizontal, dont la latitude ſoit égale à l'élevation du ſtile par-deſſus le plan, c'eſt-à-dire, à l'ouverture de l'angle G N O, ce qui fournit encore un moyen
de

de déterminer la poſition de la regle horaire : car ſuppoſant que cet angle G N O ſoit de 56 degrez, on prendra
ſur la ligne centrale l'intervale I. 56 qui lui répond, & le
portant ſur C N de N en 12, on aura comme auparavant
le point 12, qui a ſervi à poſer la regle.

Tracer un incliné ſuperieur tourné droit à l'Orient.
Planche 28. figure 58.

ARrêtez ſur le plan un ſtile A B de grandeur convenable, déterminez-en le pied A, comme auſſi la
projection C du zenit : par les points A C, tracez la verticale du plan ; faites A E d'équierre à C D, & égale à
A B, hauteur perpendiculaire du ſtile par-deſſus le plan ;
tracez C E & ſa perpendiculaire E F, qui donnera ſur C D,
le point de ſix heures ; par ce point 6. tracez de niveau
ou d'équiere à C D la droite G H qui ſera la ligne horizontale du plan. Par le point C, tirez la méridienne L Q
parallele à 6 H au-deſſous de L Q ; faites C K égal à C E,
& au point K ſur & à la gauche de K C l'angle C K L de
41 degrez, complément de 49 degrez latitude donnée,
ce qui donnera ſur L Q le centre L du Cadran. Du point
L par le point A, tracez la ſouſtilaire, ſur laquelle au point
A élevez d'équierre A M égal à A B, puis tracez l'arc L M.

Maintenant pour marquer les heures faites F D égal à
F E, & tracez D N parallele à G H ; levez ſur la ligne centrale de la regle horaire l'intervale I. 49 qui convient à la
latitude, & le portez ſur D N en D 12. Par le point 12
tracez perpendiculairement à D N la droite O P, ſur laquelle appliquez le bord diviſé de la regle horaire, les
points XII. 12. tombant l'un ſur l'autre.

Marquez ſur O P les points 5. 4. 1. 11. 10. 9. 8. 7. vis à vis
de ceux V. IIII. I. XI. X. IX. VIII. VII. de la regle. Du
point D par les diviſions de O P, tracez des droites rencontrant 6 H aux points 7. 8. 9. 10. 11. Du centre L tracez par ces points & celui de 6 autant de lignes horaires

G

pour fervir depuis 6 heures du matin jufques à Midi.

Les lignes de 4 & de 5 heures du matin fe traceront de même par les points 4 & 5 trouvez fur la même 6 H, en prolongeant au-delà du point D les lignes de 4 & de 5 du foir qui ne fervent qu'à cet ufage, le Cadran ne pouvant être éclairé plus de 8 à 9 heures dans les grands jours.

Le ftile fera celui A B premier pofé, ou bien une lame de métal taillée felon l'angle A L M, fixée fur L A & d'équierre au plan, fon axe L M fera parallele à l'axe du monde, en s'élevant du centre au pole boreal.

Tracer un incliné inferieur tourné droit à l'Occident.
Planche 28. figure 59.

ARrêtez fur le plan un ftile A B de grandeur convenable, & marquez fon pied A, comme auffi la projection C du nadir; par les points A C, tracez la verticale du plan: faites A E d'équierre à C D, & égale à A B, hauteur du ftile par-deffus le plan; tracez C E & fa perpendiculaire E F, pour avoir fur C D le point de 6 heures: par ce point 6, tracez d'équierre à C D, la droite G H ligne horizontale du plan. Par le point C, menez la ligne de minuit L Q parallele à 6 H; au-deffus de Q L, faites C K égal à C E, & au point K fur & à la gauche de K C l'angle C K L de 41 degrez, complement de 49 degrez latitude donnée, ce qui donnera fur Q L le centre L du Cadran. Tracez la fouftilaire L A & fa perpendiculaire A M égale à A B, puis l'axe L M.

Maintenant pour avoir les heures, faites F D égal à E F, & tracez D N parallele à H G, levez fur la ligne centrale de la regle horaire l'intervalle I. 49. qui convient à la latitude, & le portez fur D N en D 12.

Par le point 12, tracez perpendiculairement à D N la droite P O, fur laquelle faites convenir le bord divifé de la regle horaire, les points XII.12. tombant l'un fur l'autre.

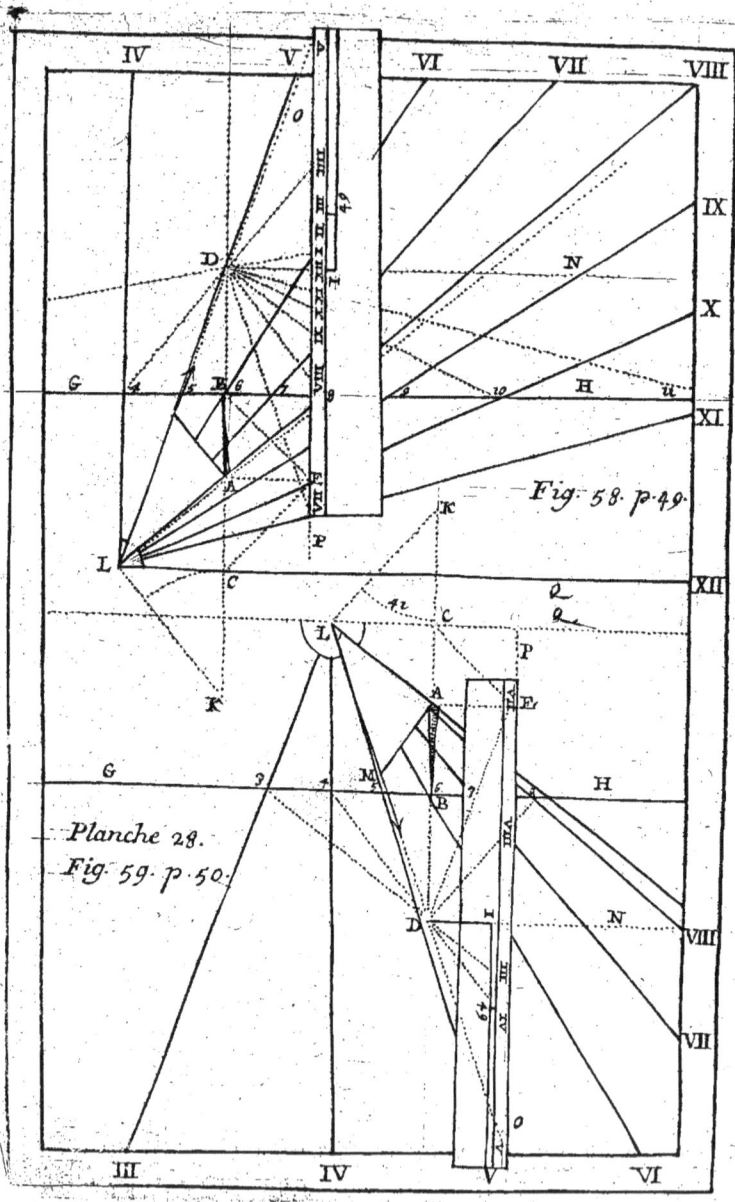

Fig. 58. p. 49.

Planche 28.
Fig. 59. p. 50.

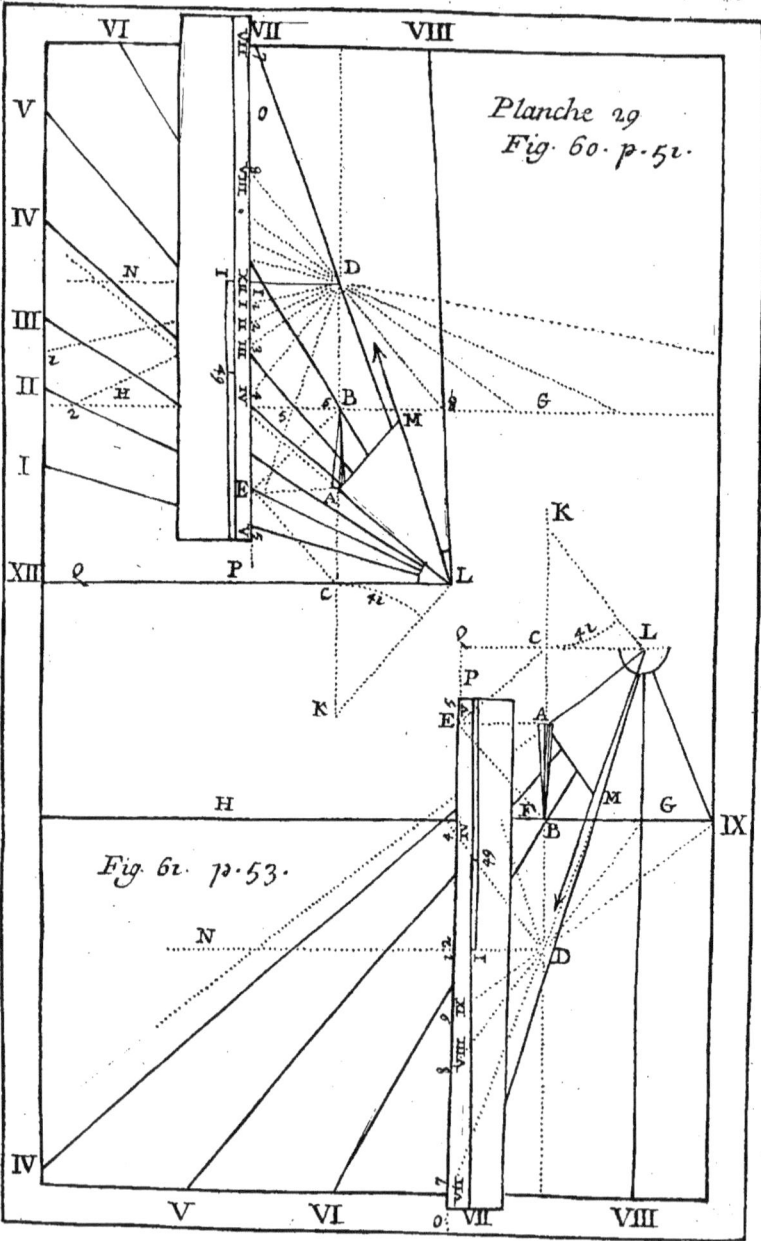

Planche 29
Fig. 60. p. 51.

Fig. 61. p. 53.

Marquez fur P O les feuls points 7. 8 : 3. 4. 5. vis à vis
de ceux VII. VIII : III. IIII. V. de la regle : du point D
par les divifions de P O, tracez les droites rencontrant
Q H aux points 7. 8.

Du centre L, tracez par ces points & celui de 6 les lignes de 6. 7. & 8. heures du foir : celles de 3. 4. & de 5. fe
traceront de même par les points 3. 4. 5. trouvez fur G H,
en prolongeant au-delà du point D les lignes de 3. 4. & 5.
heures du matin qui ne fervent qu'à cet ufage ; le Cadran
ne pouvant être éclairé qu'environ pendant quatre heures
de l'aprés Midi.

On fe fervira du ftile A B premier pofé, ou bien d'une
lame de métail taillée felon l'angle A L M, & fixée fur
L A à l'équierre du plan : l'axe L M fera parallele à l'axe
du monde en s'abaiffant du centre vers le pole auftral.

REMARQUE.

Ce Cadran eft l'oppofé de l'incliné fuperieur tourné
droit à l'Orient ; fa conftruction eft femblable à celle de
l'incliné fuperieur tourné droit à l'Occident, mais renverfé de haut en bas, & ne portant que les dernieres heures du foir.

Incliné fuperieur tourné droit à l'Occident. Planche 29. figure 60.

ARrêtez fur le plan un ftile A B de longueur convenable, & marquez fon pied A, comme auffi le projectif C du zenit. Par les points A C, tracez la verticale
du plan, faites A E d'équierre à C D, & égale à A B, hauteur perpendiculaire du ftile, tracez C E & fa perpendiculaire E F, pour avoir fur C D le point de 6 heures ; par
ce point 6 tracez d'équierre à C D la droite G H, ligne
horizontale du plan. Par le point C, menez la méridienne L Q parallele à H G, au-deffous de L Q, faites C K
égal à C E, & au point K fur & à la droite de K C, l'an-

G ij

gle C K L de 41 degrez, complément de 49 degrez latitude donnée, ce qui donnera fur L Q le centre L du Cadran. Tracez la fouftilaire L A & fa perpendiculaire A M
égale à A B puis l'axe L M.

Maintenant pour avoir les heures, faites F D égal à F E,
& tracez D N parallele à G H ; levez fur la ligne centrale de la regle horaire l'intervalle I. 49. qui convient à la
latitude, & le portez fur D N en D 12. Par le point 12,
tracez perpendiculairement à D N la droite O P, fur laquelle faites convenir le bord divifé de la regle horaire ;
les points XII. 12. tombant l'un fur l'autre ; marquez fur
O P les points 7. 8. 11. 1. 2. 3. 4. 5. vis à vis de ceux VII.
VIII. XI. I. II. III. IIII. V. de la regle. Du centre L tracez par ces points & celui de 6 autant de lignes horaires,
pour fervir depuis 11 heures du matin jufques à 8 heures
du foir : les lignes de 7 & 8 du foir fe traceront de même
par les points 7 & 8 trouvez fur G H, & prolongeant au-
delà du point D les lignes de 7 & 8 du matin, qui ne fervent qu'à cet ufage, le Cadran ne pouvant être éclairé
plus de 8 à 9 heures dans les plus grands jours, felon l'inclinaifon du plan.

On fe fervira du ftile A B premier pofé ou d'une lame
de métail taillée felon l'angle A L M, arrêtée fur L A, &
d'équierre au plan, l'axe fera parallele à l'axe du monde
en s'élevant du centre au pole boreal.

REMARQUE.

La conftruction de ce Cadran eft le revers de celle qui
a fervi pour l'incliné fuperieur tourné droit à l'Orient, n'y
ayant rien de changé que les caracteres des heures par le
renverfement bout pour bout de la regle horaire.

Incliné inferieur tourné droit à l'Orient. Planche 29.
figure 61.

ARrêtez un ftile A B de longueur convenable, & marquez fon pied A, comme auffi la projection C du
nadir. Par les points A C, tracez la verticale du plan ;
faites A E d'équierre à C D & égale à B A, hauteur perpendiculaire du ftile : tracez C E & fa perpendiculaire
E F, pour avoir fur C D le point de 6 heures : par ce
point 6, tracez d'équierre à C D, la droite H G ligne
horizontale du plan ; par le point C menez la ligne de
minuit L Q parallele à H G au-deffus de Q L : faites C K
égal à C E, & au point K fur & à la droite de K C, l'angle
C K L de 41 degré, complément de 49 degrez latitude
donnée, ce qui donnera fur Q L le centre L du Cadran.
Tracez la fouftilaire L A & fa perpendiculaire A M égale
à B D, puis l'axe L M.

Maintenant pour avoir les heures, faites F D égal à
F E, & tracez D N parallele à H 6 : levez fur la ligne
centrale de la regle horaire l'intervale I. 49. qui convient
à la latitude, & le portez fur D N en D 12. Par le point
12, tracez perpendiculairement à D N la droite P O, fur
laquelle faites convenir le bord divifé de la regle horaire,
les points XII. 12. tombant l'un fur l'autre.

Marquez fur P O les feuls points 5. 4. 9. 8. 7. vis à vis
de ceux V. IIII. IX. VIII. VII. de la regle. Du point D
par les divifions de P O, tracez les droites, rencontrant
H 6 aux points 4. 5 : du centre L, tracez par ces points,
& celui de 6 les lignes de 4. 5. & 6. heures du matin : celles de 7. 8. & 9. fe traceront de même par les points 7. 8.
9. trouvez fur H G, en prolongeant au-delà du point D
les lignes de 7. 8. & 9. du foir, qui ne fervent qu'à cet ufage, ce Cadran ne pouvant être éclairé qu'environ 4 heures de la matinée.

Le ftile fera celui A B déja pofé ou une lame taillée
G iij

felon l'angle A L M, & arrêtée fur L A, & d'équierre au plan. L'axe L M fera parallele à l'axe du monde en s'a-baiffant du centre vers le pole auftral.

Remarque.

Ce Cadran eft fuppofé l'incliné fuperieur tourné droit à l'Occident, fa conftruction eft femblable à celle de l'in-cliné fuperieur, tourné droit à l'Orient, mais renverfé de haut en bas, & ne portant que les premieres heures du matin.

Incliné fuperieur & déclinant du Midi à l'Orient de 72 degrez, pour une latitude de 49 degrez.
Planche 30. figure 62.

ARrêtez fur le plan un ftile A B de longueur conve-nable, dont vous déterminerez le pied A, comme auffi le point C projection du zenit : par les points A C, tracez G C verticale du plan, & fur icelle au point A, éle-vez d'équierre A B égale à la hauteur perpendiculaire du ftile : tracez C B & fa perpendiculaire B D, rencontrant G C au point D, par lequel vous tracerez de niveau l'ho-rizontale E F ; faites D G égal à D B, & au point G fur & à la droite de D G l'angle D G P de 72 degrez, déclinai-fon obfervée. Par le point P ou G P, ligne de déclinaifon rencontre E F & le point C, tracez la méridienne N P, du point A, tracez A H perpendiculaire à N P, & la coupant au point M, tracez auffi A L parallele à N P, égale à A B hauteur du ftile, puis M L à laquelle vous ferez égale M H. Tirez C H, & au point H, faites fur & à la gauche de C H l'angle C H N de 41 degrez, complément de 49 degrez, la-titude donnée, ce qui donnera fur N P le centre N du Cadran. Par les points N A, tracez la fouftilaire & fa perpendiculaire A O égale à A B, ce qui déterminera l'axe N O.

Maintenant levez fur la ligne centrale l'intervale

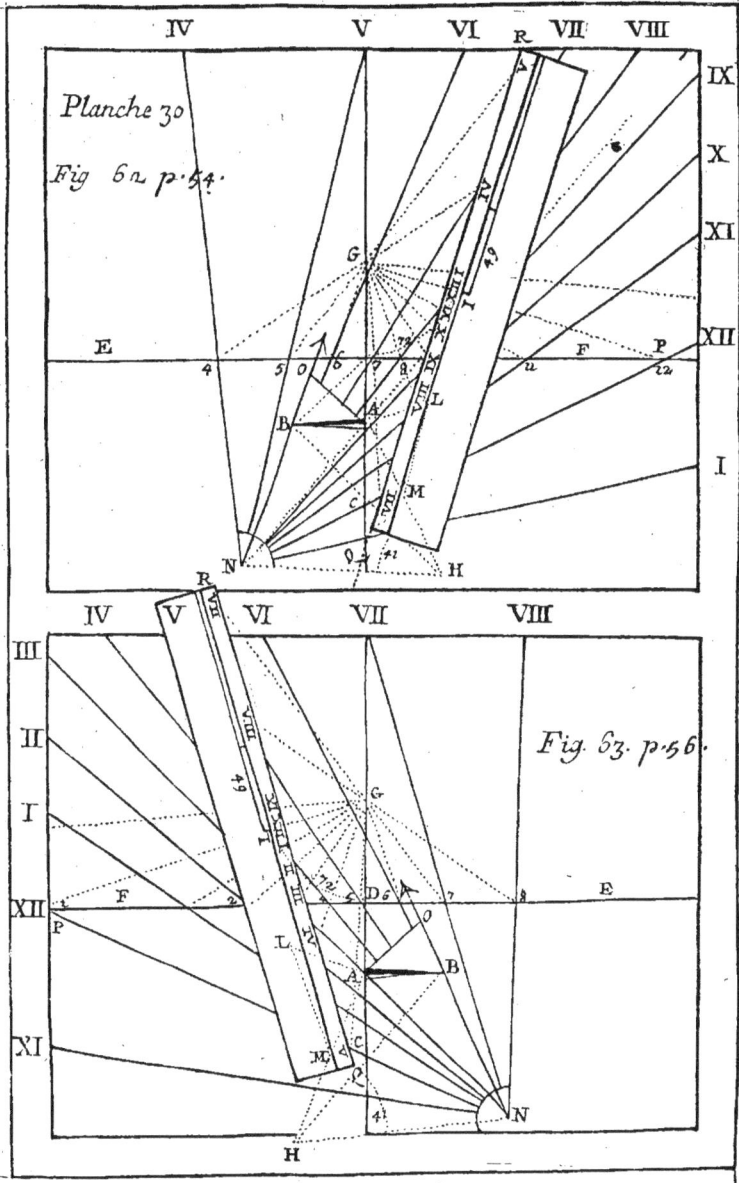

Planche 30

Fig 62 p.54.

Fig. 63. p.56.

I. 49, qui convient à la latitude donnée, & la portez fur
G P en G 12. Par le point 12, tracez d'équierre à G P, la
droite Q R, fur laquelle appliquez le bord divifé de la regle horaire, les points XII. 12. tombant l'un fur l'autre :
marquez fur Q R les points 7. 8. 9. 10. 11 : 1. 4. 5. vis à vis
de ceux VII. VIII. IX. X. XI : I. IIII. V. de la regle. Du
point G par les divifions de Q R, tracez des droites, rencontrant E F aux points 7. 8. 9. 10. 11 : 1 ; du centre N,
tracez par ces points autant de lignes horaires, pour fervir depuis 7 heures du matin jufques à I. heures aprés Midi. Les autres lignes horaires du matin feront tracées,
fçavoir celle de 6 heures par le point 6, déterminé fur
E P par G 6, parallele à Q R, & celle de V. & de IIII.
par des points 5. 4. trouvez fur la même E F, en prolongeant au-delà du point G les lignes de V. & de IIII. heures du foir, qui ne fervent qu'à cet ufage, ce Cadran ne
pouvant être éclairé dans les grands jours que depuis 4
heures du matin jufques à une heure ou environ aprés
Midi.

Le ftile pourra être celui déja pofé, ou une lame de
métail taillée felon l'angle A N O, & arrêtée fur N A, à
l'équierre du plan. Son axe N O fera parallele à l'axe du
monde en s'élevant du plan vers le pole boreal.

REMARQUE.

Si l'on veut que ce Cadran occupe bien fon plan aprés
y avoir pofé le ftile, déterminez les points A C, & tracez
les lignes C A, F E, comme auffi le triangle C B D, ainfi
que nous avons dit, il faudra tranfporter ces points, ces
lignes, & ce triangle, fur un carton fin, & y achever la
conftruction précédente, puis rapporter ce carton fur le
plan, faifant convenir les lignes femblables l'une au-deffus de l'autre, ou bien parallelement entr'elles, & diftan-
tes plus ou moins, felon qu'il fera neceffaire pour pro-
duire un meilleur effet, puis aprés contre tirer fur le plan
les lignes horaires : l'on pourra auffi retrancher le centre

du Cadran s'il eſt incommode, & au lieu d'un axe, poſer un nouveau ſtile droit, le premier ayant été levé pour appliquer le carton.

Incliné ſuperieur & déclinant du Midi à l'Occident de 72 degrez, & la latitude de 49 degrez.
Planche 30. figure 63.

ARrêtez ſur le plan un ſtile A B de longueur convenable, dont vous déterminerez le pied A, comme auſſi le point C projectif du zenit. Par les points A C, tracez G C verticale du plan, & ſur icelle au point A, élevez d'équierre A B égale à la hauteur perpendiculaire du ſtile par-deſſus le plan, tracez C B & ſa perpendiculaire B D rencontrant G C au point D, par lequel vous tracerez de niveau l'horizontale F E. Faites D G égal à D B, & au point G ſur & à la gauche de D G l'angle D G P de 72 degrez, déclinaiſon obſervée. Par le point P ou G P, ligne de déclinaiſon rencontre E F & le point C, tracez la méridienne N P ; du point A, tracez A H perpendiculaire à N P, & la coupant au point M, tracez auſſi A L parallele à N P, & égale à A B, hauteur du ſtile, puis M L à la laquelle vous ferez égale M H ; tirez C H, & au point H faites ſur & à la droite de C H, l'angle C H N de 41 degrez, latitude donnée, ce qui donnera ſur N P le centre N du Cadran. Par les points N A, tracez la ſouſtilaire & ſa perpendiculaire A O égale à A B, ce qui déterminera l'axe N O.

Maintenant levez ſur la ligne centrale de la regle horaire l'intervalle I. 49, qui convient à la latitude donnée, & le portez ſur G P en G 12 : par le point 12, tracez d'équierre à G P la droite Q R, ſur laquelle appliquez le bord diviſé de la regle horaire, les points XII. 12. tombant l'un ſur l'autre ; marquez ſur Q R les points 7. 8. 11. 1. 2. 3. 4. 5 vis à vis de ceux VII. VIII. XI : I. II. III. IIII. V. de la regle : du point G par les diviſions de Q R, tracez
des

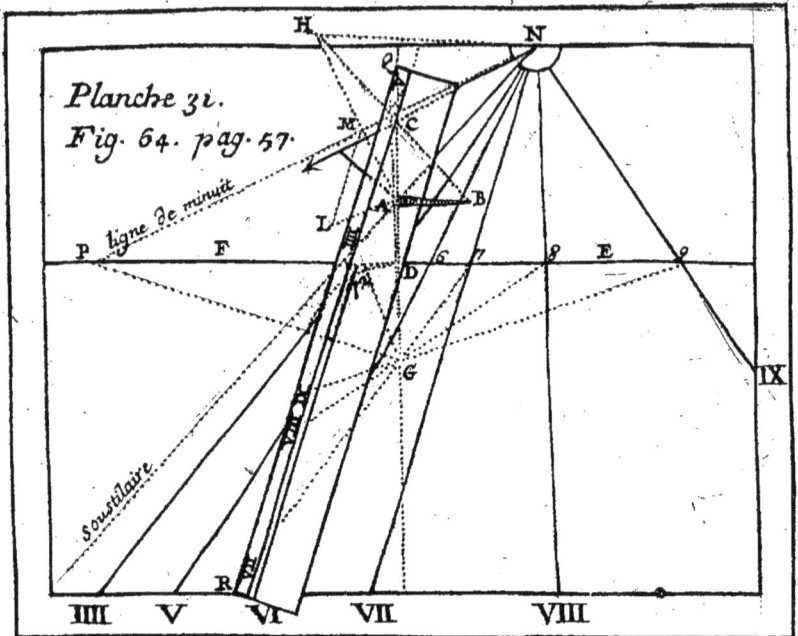

Planche 31.
Fig. 64. pag. 57.

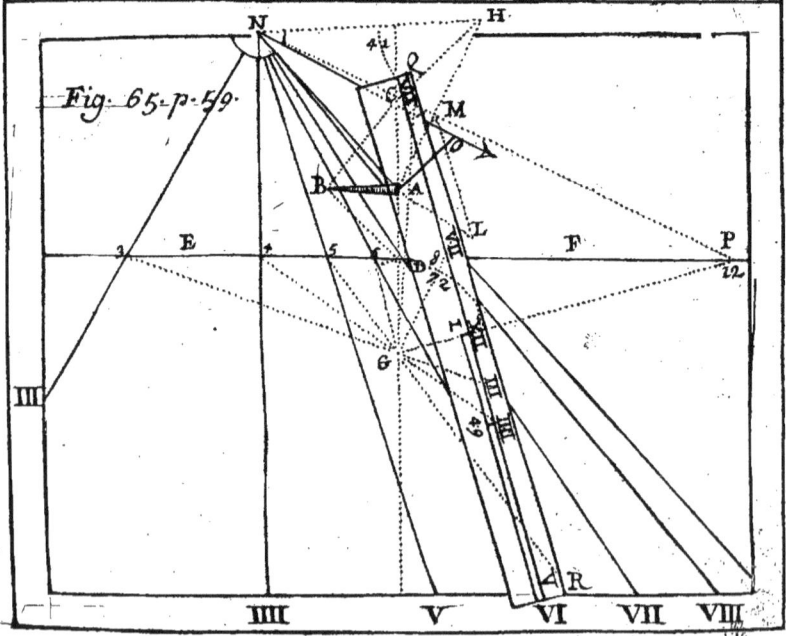

Fig. 65. p. 59.

des droites rencontrant F E, aux points 11 : 1. 2. 3. 4. 5 ; du centre N, tracez par ces points autant de lignes horaires pour fervir depuis 11 heures du matin jufques a 5 heures aprés Midi ; les autres lignes horaires du foir feront tracées ; fçavoir celles de 6 heures par le point 6 déterminé fur F E par G 6 parallele à Q R ; celle de 7 & de 8 heures par des points 7. 8. trouvez fur la même F E, en prolongeant au-delà du point G les lignes de 7 & de 8 du matin qui ne fervent qu'à cet ufage, le Cadran ne pouvant être éclairé dans les grands jours que depuis environ XI. heures du matin jufques à 8 du foir.

L'on pourra fe fervir du ftile premier pofé ou d'une lame de métail taillée felon l'angle A N O, & arrêtée fur N O à l'équierre du plan, fon axe N O fera parallele à l'axe du monde en s'élevant du plan vers le pole boreal.

On fera ici les mêmes remarques que fur le Cadran précedent qui eft l'incliné fuperieur & déclinant du Midi à l'Orient, celui-ci étant fon revers : il n'y a rien dans fa conftruction que les caracteres des heures, conformément à la fituation de la regle horaire.

Incliné inferieur & déclinant du Septentrion à l'Orient de 72 degrez, & de latitude 49. Planche 31. figure 64.

ARrêtez fur le plan un ftile A B de longueur convenable, dont vous déterminerez le pied A, comme auffi le point C projectif du nadir. Par les points A C, tracez C G verticale du plan, & fur icelle au point A élevez d'équierre A B, égal à la hauteur perpendiculaire du ftile par-deffus le plan, tracez C B & fa perpendiculaire B D, rencontrant C G au point D, par lequel vous tracerez de niveau l'horizontale E F. Faites D G égal à D B, & au point G fur & à la gauche de D G l'angle D G P de 72 degrez, déclinaifon obfervée. Par le point P ou G P, ligne de déclinaifon, rencontre F E & le point C, tracez N Q, ligne de minuit : du point A, tracez A H

H

perpendiculaire à N P, & la coupant au point M, tracez aussi A L parallele à N P, & égale à A B, hauteur du stile, puis M L à laquelle vous ferez égale M H. Tirez C H, & au point H faites sur & à la droite de C H l'angle C H N de 41 degrez, complément de 49, latitude donnée, ce qui donnera sur N P le centre N du Cadran.

Par les points N A, tracez la soustilaire & sa perpendiculaire A O égale à A B, ce qui déterminera l'axe N O.

Maintenant levez sur la ligne centrale de la regle horaire l'intervale I. 49, qui convient à la latitude donnée, & le portez sur G P en G 12. Par le point 12, tracez d'équierre à G P la droite Q R, sur laquelle appliquez le bord divisé de la regle horaire, les points XII. 12. tombant l'un sur l'autre.

Marquez sur Q R les points 7. 8. 9 : 4. 5. vis à vis de ceux VII. VIII. IX. de la regle : du point G par les divisions de Q R, tracez des droites rencontrant F E aux points 4. 5. du centre N, tracez par ces points autant de lignes horaires, pour servir depuis 4 heures du matin jusques à 5. les autres lignes horaires suivantes seront tracées, sçavoir celles de VI. heures par le point 6 déterminé sur F E, par G 6 parallele à R Q : celles de VII. VIII. IX. par les points 7. 8. 9. trouvez sur la même F E, en prolongeant au delà du point G les lignes de 7. 8. & 9 heures du soir qui ne servent qu'à cet usage, le Cadran ne pouvant être éclairé dans les plus grands jours que depuis environ 4. heures jusques à 9 heures du matin.

On pourra se servir du stile premier posé ou d'une lame de métal taillée selon l'angle A N O, & fixée sur N A à l'équierre du plan ; son axe N O sera parallele à l'axe du monde en s'abaissant du plan vers le pole austral.

Ce Cadran est opposé parallelement à l'incliné superieur, & déclinant du Midi à l'Occident de 72 degrez, & ne differe que par un renversement de haut en bas, & de droit à gauche, dont on a retranché quelque li-

gnes horaires inutiles, & chargé les autres des caracteres qui leur conviennent.

*Incliné inferieur & déclinant du Septentrion à l'Occident de
72 degrez, & de latitude 49. Planche 31. figure 65.*

ARrêtez fur le plan un ftile A B de longueur convenable, dont vous déterminerez le pied A, comme auffi le pied projectif C du nadir : par le point A C,
tracez G C verticale du plan, & fur icelle au point A
élevez d'équierre A B égale à la hauteur perpendiculaire
du ftile par-deffus le plan ; tracez C B & fa perpendiculaire D B, rencontrant G C au point D par lequel vous
tracerez de niveau l'horizontale E F ; faites D G égal à
D B, & au point G fur & à la droite de D G l'angle
D G P de 72 degrez, déclinaifon obfervée. Par le point
P ou G P, ligne de déclinaifon rencontre E F, & le point
C, tracez N P ligne de minuit ; du point A tracez A H
perpendiculaire à N P, & la coupant au point M, tracez
auffi A L, parallele à N P & égale à A B hauteur du ftile,
puis M L à laquelle vous ferez égale M H. Tirez C H &
au point H faites fur & à la gauche de C H l'angle C H N
de 41 degrez complément de 49, latitude donnée, ce qui
donnera fur N P le centre N du Cadran. Par les points
N A, tracez la fouftilaire & fa perpendiculaire A O égale
à A B, ce qui déterminera l'axe N O.

Maintenant levez fur la ligne centrale de la regle horaire l'intervale I. 49, qui convient à la latitude donnée,
& le portez fur G P en G 12. Par le point 12, tracez d'é-
quierre à G P la droite Q R, fur laquelle appliquez le
bord divifé de la regle horaire, les points XII. 12. tombant
l'un fur l'autre. Marquez fur Q R les points 7. 8 : 3. 4. 5.
vis à vis de ceux VII. VIII : III. IV. V. de la regle. Du
point G par les divifions de Q R, tracez des droites rencontrant E F aux points 7. 8 : du centre N, tracez par ces
points autant de lignes horaires pour fervir depuis 7 juf-

H ij

ques à 8 du foir ; les autres lignes horaires précedentes feront tracées ; fçavoir celle de 6 heures par le point 6 déterminé fur EF par G 6, parallele à RQ, & celles de 3. 4. & de 5. par les points 3. 4. 5. trouvez fur la même EF, en prolongeant au-delà du point G les lignes de 3. 4. & de 5 heures du matin, qui ne fervent qu'à cet ufage, le Cadran ne pouvant être éclairé dans les grands jours que depuis III. heures jufques à VIII. heures du foir.

On pourra fe fervir du ftile premier pofé, ou d'une lame taillée felon l'angle A N O, & fixée fur N A à l'équierre du plan ; fon axe N O fera parallele à l'axe du monde en s'abaiffant du plan vers le pole auftral.

Ce Cadran eft oppofé parallelement à l'incliné fuperieur & déclinant du Midi à l'Orient de 72 degrez, & n'en differe que par un certain renverfement de haut en bas, & de droit à gauche, dont on a retranché quelques lignes horaires inutiles, & chargé les autres des caracteres qui leur conviennent. C'eft auffi le revers ligne pour ligne du Cadran précedent, qui eft l'incliné inferieur & déclinant du Septentrion à l'Orient de 72 degrez.

Incliné fuperieur & déclinant du Septentrion à l'Orient de 36 degrez, & la latitude de 49. Planche 32. figure 66.

ARrêtez fur le plan un ftile A B de longueur convenable, dont vous déterminerez le pied A, comme auffi le point C projectif du zenit. Par le point A C, tracez la verticale du plan, & fur icelle au point A, élevez d'équierre A B égale à la hauteur perpendiculaire du ftile par-deffus le plan : tirez C B & fa perpendiculaire B D, rencontrant G C au point D, par lequel vous tracerez de niveau l'horizontale E F : faites D G égal à D B, & au point G fur & à la gauche de D G l'angle D G P de 36 degrez, déclinaifon obfervée. Par le point P ou G P, ligne de déclinaifon rencontre E F & le point C, tracez la méridienne P C : du point A, tracez A H perpendiculaire à P C,

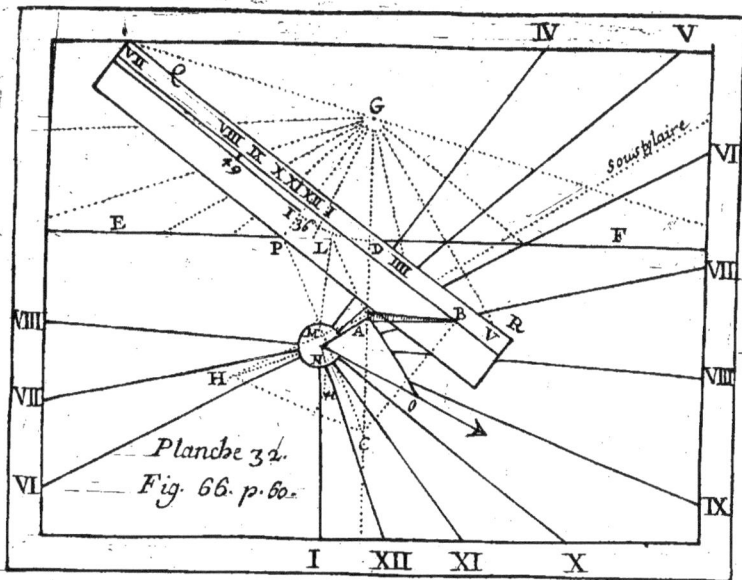

Planche 32.

Fig. 66. p. 60.

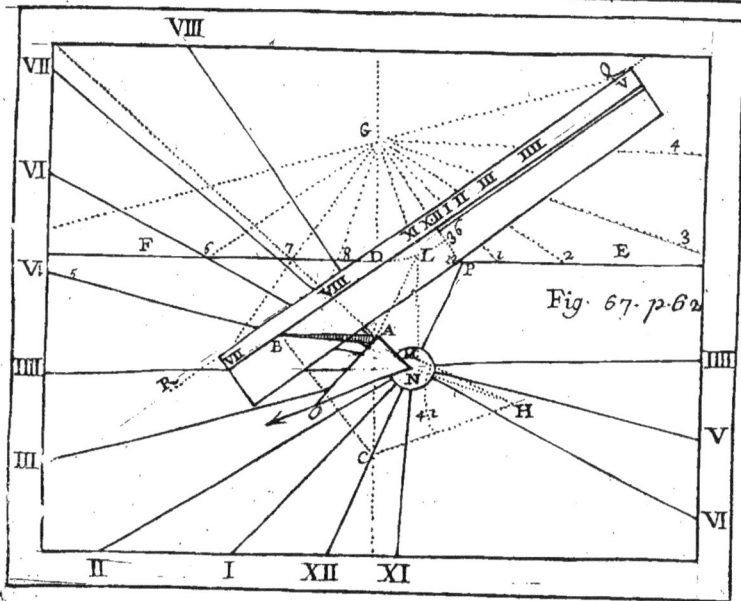

Fig. 67. p. 62

& la coupant au point M, tracez auſſi A L parallele à P C,
& égale à A B, hauteur du ſtile, puis M L, à laquelle vous
ferez égale M H : tirez H C, & au point H faites ſur & à
la gauche de H C l'angle C H N de 41 degrez, complément de 49, latitude donnée, ce qui donnera ſur P C le
centre N du Cadran : par le point N A, tracez la ſouſtilaire & ſa perpendiculaire A O égale à A B, ce qui déterminera l'axe N O.

Maintenant levez ſur la ligne centrale de la regle horaire l'intervale I. 49, qui convient à la latitude donnée,
& le portez ſur G P en G 12. Par le point 12, tracez d'é-
quierre à G P la droite Q R, ſur laquelle appliquez le bord
diviſé de la regle horaire, les points XII. 12. tombant l'un
ſur l'autre.

Marquez ſur Q R les points 7. 8. 9. 10. 11 : 1. 4. 5. vis à
vis de ceux VII. VIII. IX. X. XI : I. IIII. V. de la regle.
Du point G par les diviſions de Q R, tracez des droites
rencontrant E F aux points 8. 9. 10. 11 : 1. 4. 5 : du centre
N, tracez par ces points les lignes horaires depuis 8 juſques à 5 ; celle de VI. heures ſera tracée par le point 6,
déterminé ſur E F par G 6, parallele à Q R, & celle de
VII. heures par le point 7, trouvé ſur la même E F, en
prolongeant au-delà du point G la ligne de VII. heures.

Ces horaires étant ainſi tracées on les prolongera au-
delà du centre N, pour avoir celles qui doivent ſervir ſur
le Cadran, qui peut être éclairé dans les grands jours depuis 4 heures du matin juſques à une heure aprés Midi,
& 6. 7. & 8. heures du ſoir. Puis on ſupprimera le reſte de
ces premieres heures qui ſont noɛturnes, ainſi que 2. 3. 4.
& 5. aprés Midi qui ne ſont point éclairées ſur notre horizon.

On pourra ſe ſervir du ſtile déja poſé, ou d'une lame
de métail taillée ſelon l'angle A N O, fixée ſur N A à l'é-
quierre du plan, ſon axe N O ſera parallele à l'axe du
monde en s'élevant du plan vers le pole boreal.

H iij

Incliné superieur & déclinant du Septentrion à l'Occident de 36 degrez, & la latitude de 49. Planche 32. figure 67.

ARrêtez sur le plan un ftile A B de longueur convenable, dont vous déterminerez le pied A, comme auffi le point C projectif du zenit. Par les points A C, tracez G C verticale du plan, & fur icelle au point A élevez d'équierre A B, égale à la hauteur perpendiculaire du ftile par-deffus le plan; tirez C D & fa perpendiculaire B D, rencontrant G C au point D, par lequel vous tracerez de niveau l'horizontale F E; faites D G égale à D B, & au point G fur & à la droite de D G l'angle D G P de 36. degrez, déclinaifon obfervée: par le point P ou G P, ligne de déclinaifon rencontre F E & le point C, tracez la méridienne P C. Du point A, tracez A H perpendiculaire à P C, & la coupant au point M, tracez auffi A L parallele à P C, & égale à A B, hauteur du ftile, puis M L à laquelle vous ferez égale M H: tirez C H, & au point H, faites fur & à la droite de H C l'angle C H N de 41 degrez, complément de 49 degrez, latitude donnée, ce qui donnera fur P C le centre N du Cadran. Par les points A N, tracez la fouftilaire & fa perpendiculaire A O, ce qui déterminera l'axe N O.

Maintenant levez fur la ligne centrale de la regle horaire l'intervale I. 49., qui convient à la latitude donnée, & le portez fur G P en G 12. Par le point 12. tracez d'équierre à G P la droite R Q, fur laquelle appliquez le bord divifé de la regle horaire, les points XII. 12. tombant l'un fur l'autre.

Marquez fur R Q les points 7. 8 : 11 : 1. 2. 3. 4. 5. vis à vis de ceux VII. VIII. XI : I. II. III. IIII. V. de la regle: du point G par les divifions de R Q, tracez des droites rencontrant F E aux points 7. 8 : 1. 2. 3. 4. Du centre N, tracez par ces points les lignes horaires depuis 7 jufques à 4, celle de VI. qui précede, fera tracée par le point 6, dé-

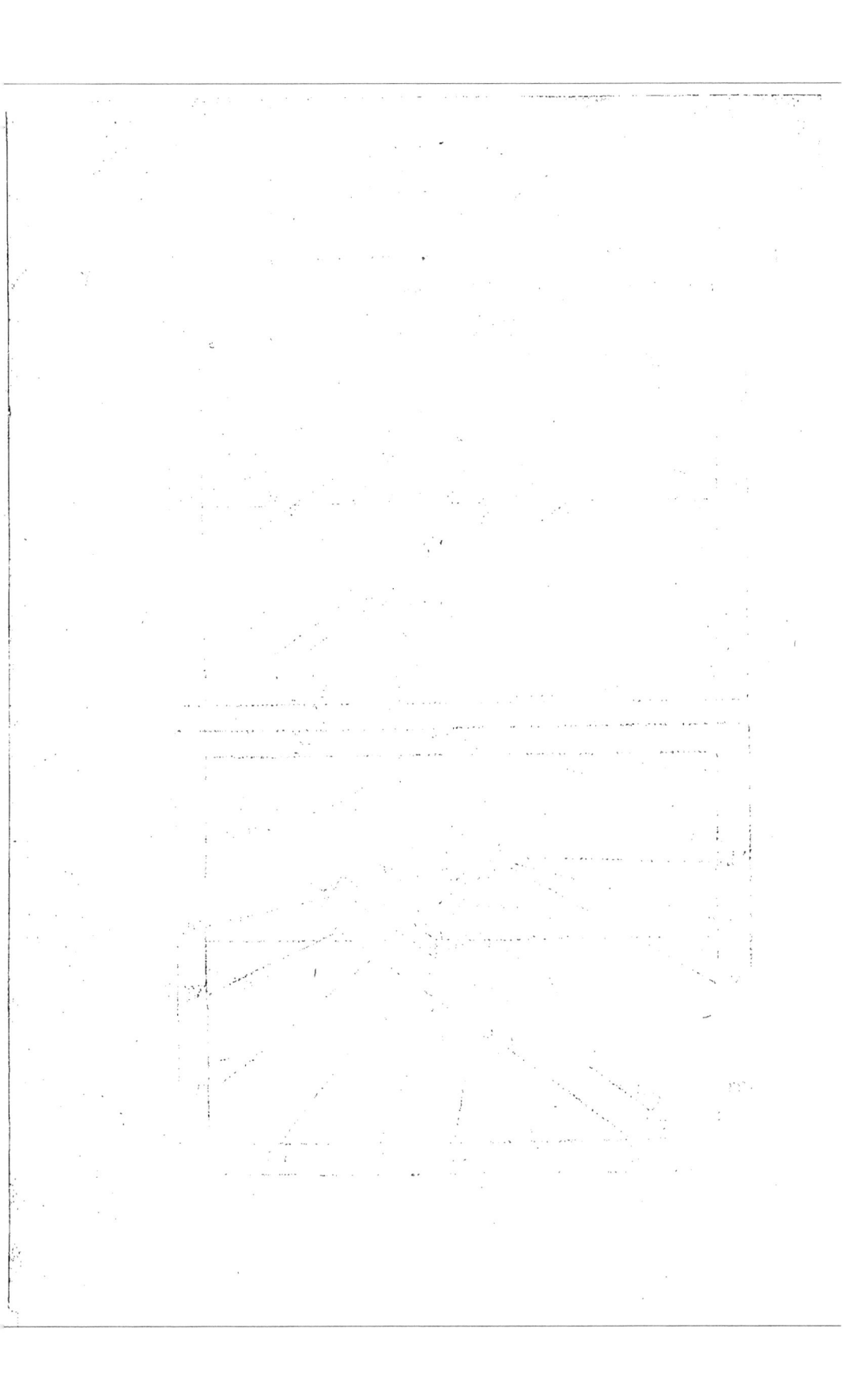

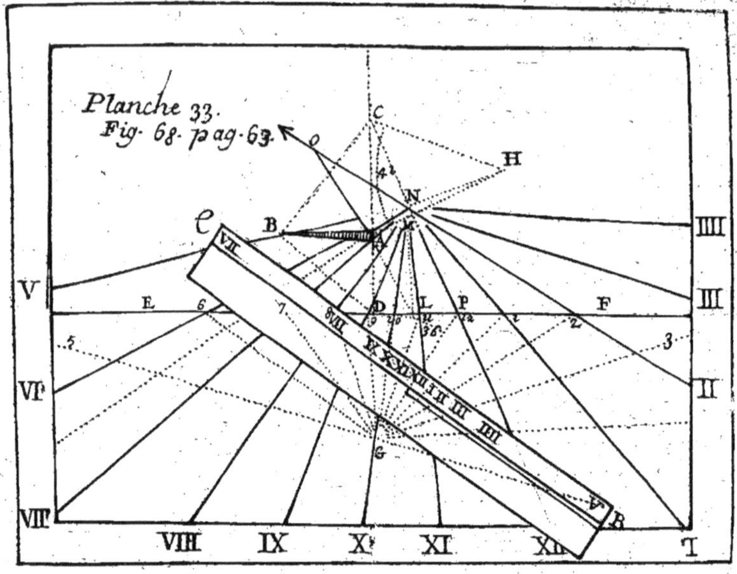
Planche 33.
Fig. 68. pag. 63.
VIII
IX
X
XI
XII
I

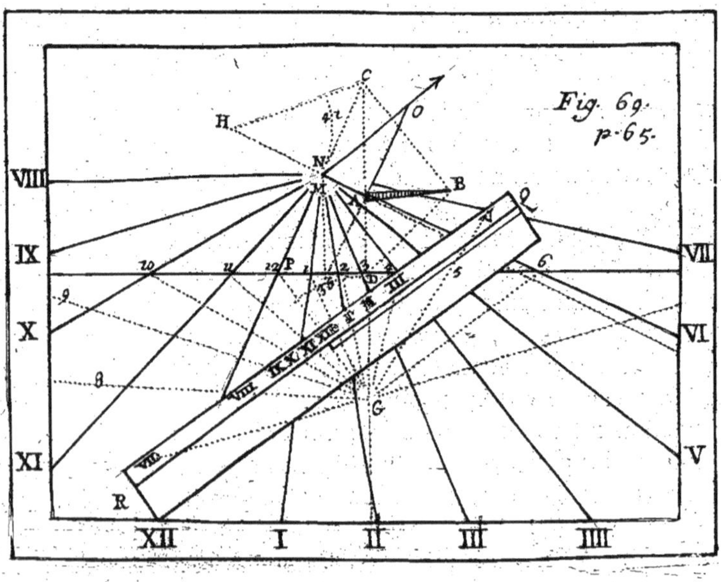
Fig. 69.
p. 65.
VIII
IX
X
XI
XII
I
II
III
IIII
V
VI
VII

terminé fur F E par G C parallele à R Q, & celle de V.
par le point 5, trouvé fur la même F E, en prolongeant
au-delà du point G la ligne de V. heures. Ces horaires
étant ainfi tracées on les prolongera au-delà du centre N,
pour avoir celles qui doivent fervir fur le Cadran, qui peut
être éclairé dans les grands jours depuis 4 heures du matin jufques à VI. on fupprimera 7. 8. 9. 10. heures du matin qui ne font pas éclairées du Soleil fur nôtre horizon;
on mettra les fuivantes jufques à VIII. du foir, fçavoir
XI. XII : I. II. III. IIII. V. VI. VII. VIII. du foir.

L'on pourra fe fervir du ftile déja pofé, ou d'une lame
de métal taillée felon l'angle A N O, fixée fur N A à l'é-
quierre du plan, fon axe N O fera parallele à l'axe du
monde en s'élevant du plan vers le pole boreal. La conftruction de ce Cadran eft le revers de l'incliné fuperieur & déclinant du Septentrion à l'Orient, qui précede celui-ci, n'y ayant rien de changé que les caracteres des heures, conformément à la fituation de la regle horaire.

*Incliné inferieur & déclinant du Midi à l'Orient de 36 de-
grez, & la latitude de 49. Planche 33. figure 68.*

ARrêtez fur le plan un ftile A B de longueur convenable, dont vous déterminerez le pied A, comme
auffi le point C projectif du nadir, par les points C A,
tracez C G verticale du plan, & fur icelle au point A élevez d'équierre A B, égale à la hauteur perpendiculaire du
ftile par-deffus le plan; tirez C B & la perpendiculaire
B D rencontrant C G au point D, par lequel vous tracerez de niveau l'horizontale E F : faites D G égale à D B,
& au point G fur & à la droite de D G l'angle D G P de
36 degrez, déclinaifon obfervée. Par le point P ou G P,
ligne de déclinaifon rencontre F E & le point C, tracez
la méridienne C P : du point A, tracez A H perpendiculaire à P C, & le coupant au point M, tracez auffi A L

parallele à C P & égale à A B, hauteur du ſtile, puis M L
à laquelle vous ferez égale M H ; tirez C H, & au point
H faites ſur & à la droite de C H l'angle C H N de 41
degrez, complément de 49, latitude donnée, ce qui donnera ſur C P le centre N du Cadran. Par les points N A,
tracez la ſouſtilaire & ſa perpendiculaire A O egale à A B,
ce qui déterminera l'axe N O.

Maintenant levez ſur la ligne centrale de la regle horaire l'intervale I. 49. qui convient à la latitude donnée,
& le portez ſur G P en G 12. Par le point 12. tracez d'é-
quierre à G P la droite Q R, ſur laquelle appliquez le
bord diviſé de la regle horaire, les points XII. 12. tombant l'un ſur l'autre.

Marquez ſur Q R les points 7. 8. 9. 10. 11 : 1. 2. 3. 4. 5.
vis à vis de ceux VII. VIII. IX. X. XI : I. II. III. IIII. V.
de la regle. Du point G par les diviſions de Q R, tracez
des droites rencontrant E F aux points 7. 8. 9. 10. 11 :
1. 2. 3. 4.

Du centre N, tracez par ces points autant de lignes
horaires pour ſervir depuis 7 heures du matin juſques à 4
du ſoir, la ligne de V I. heures ſe tracera par le point 6
déterminé ſur E F par G 6 parallele à Q R, & celle de V.
heures par le point 5 trouvé ſur la même E F, en prolongeant au-delà du point G la ligne de V. heures, ce Cadran ne pouvant être éclairé du Soleil que depuis V. heures du matin dans les grands jours juſques environ IIII.
heures aprés Midi.

On pourra ſe ſervir du ſtile déja poſé, ou d'une lame
taillée ſelon l'angle A N O fixée ſur N A à l'équierre du
plan, ſon axe N O ſera parallele à l'axe du monde en
s'abaiſſant du plan vers le pole auſtral. Ce Cadran eſt oppoſé parallelement à l'incliné ſuperieur & déclinant du
Septentrion à l'Occident de 36 degrez, & n'en differe que
par un certain renverſement de haut en bas, & de droit à
gauche, dont on a retranché quelques lignes horaires inutiles, & chargé les autres des caracteres qui leur conviennent.

Incliné

*Incliné inferieur & déclinant du Midi à l'Occident de 36
degrez, & la latitude de 49. Planche 33. figure 69.*

ARrêtez fur le plan un ftile A B de longueur convenable, dont vous déterminerez le pied A, comme
auffi le point C projectif du nadir : par les points A C,
tracez C G verticale du plan, & fur icelle au point A élevez d'équierre A B égale à la hauteur perpendiculaire du
ftile par-deffus le plan ; tirez C B & fa perpendiculaire
B D rencontrant C G au point D, par lequel vous tracerez de niveau l'horizontale F E : faites D G égale à D B,
& au point G fur & à la gauche de D G l'angle D G P
de 36 degrez, déclinaifon obfervée. Par le point P ou
G P, ligne de déclinaifon rencontre F E & le point C,
tracez la méridienne C P : Du point A, tracez A H perpendiculaire à P C, & la coupant au point M, tracez auffi
A L perpendiculaire à P C & égale à A B, hauteur du
ftile, puis M L à laquelle vous ferez égale M H : tirez
H C & au point H faites fur & à la gauche de C H l'angle C H N de 41 degrez, complément de 49 degrez, latitude donnée, ce qui donnera fur C P le centre N du
Cadran. Par le point N A, tracez la fouftilaire & fa perpendiculaire A O égale à A B, ce qui déterminera l'axe
N O.

Maintenant levez fur la ligne centrale de la regle horaire l'intervale I. 49. qui convient à la latitude donnée,
& le portez fur G P en G 12. Par le point 12. tracez d'é-
quierre à P G la droite R Q, fur laquelle appliquez le
bord divifé de la regle horaire, les points XII. 12. tombant l'un fur l'autre. Marquez fur Q R les points 7. 8. 9.
10. 11 : 1. 2. 3. 4. 5. vis à vis de ceux VII. VIII IX. X. XI :
I. II. III. IIII. V. de la regle : du point G par les divifions
de Q R, tracez des droites rencontrant F E aux points
8. 9. 10. 11 : 1. 2. 3. 4. 5.

Du centre N, tracez par ces points autant de lignes.

I.

horaires pour fervir depuis VIII. heures du matin jufques
à V. du foir, la ligne de VI. heures du foir fe tracera par
le point 6, déterminé fur E F par G 6, parallele à R Q,
& celle de VII. heures par le point 7 trouvé fur la même
E F, en prolongeant au-delà du point G la ligne de VII.
heures, ce Cadran ne pouvant être éclairé du Soleil dans
les grands jours qu'environ depuis VIII. heures du matin
jufques à VII. du foir : on pourra fe fervir du ftile déja
pofé, ou d'une lame taillée felon l'angle A N O, fixée fur
N A à l'équierre du plan : fon axe N O fera parallele à
l'axe du monde, en s'abaiffant du plan vers le pole auftral.

Ce Cadran eft l'oppofé parallele de l'incliné fuperieur
& déclinant du Septentrion à l'Orient de 36 degrez, &
n'en differe que par un certain renverfement de haut en
bas, & de droit à gauche, dont on a retranché quelques
lignes horaires inutiles, & chargé les autres des caracteres qui leur conviennent.

C'eft auffi le revers, ligne pour ligne, du Cadran precedent, qui eft l'incliné inferieur & déclinant du Midi à
l'Orient de 36 degrez.

Polaire fuperieur déclinant du Midi à l'Orient de 53 degrez
& demi, & la latitude de 49. Planche 34. figure 70.

ARrêtez fur le plan un ftile de longueur convenable,
dont vous déterminerez le pied projectif A, comme
auffi la projection C du zenit : par le point A, tracez de
niveau A B, égale à la hauteur perpendiculaire du ftile
par-deffus le plan. Par les points A C, tracez G C, verticale du plan, laquelle doit fe trouver d'équierre avec
A B, tracez C B ligne du zenit, & fa perpendiculaire B D,
qui donnera le point D fur G C. Par le point D, tracez
à niveau la ligne horizontale E F fur G C ; faites D G
égale à D B, & au point G à la droite de D G l'angle
D G H de 53 degrez & demi, déclinaifon obfervée. Par

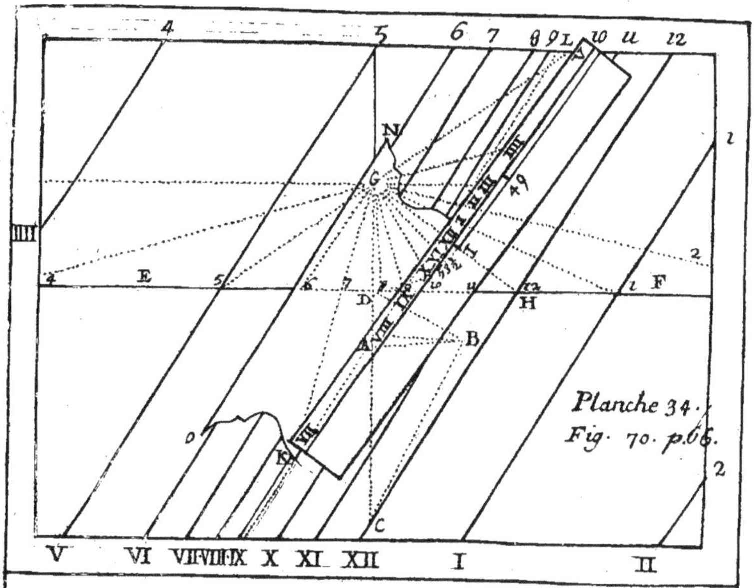

Planche 34.
Fig. 70. p.66.

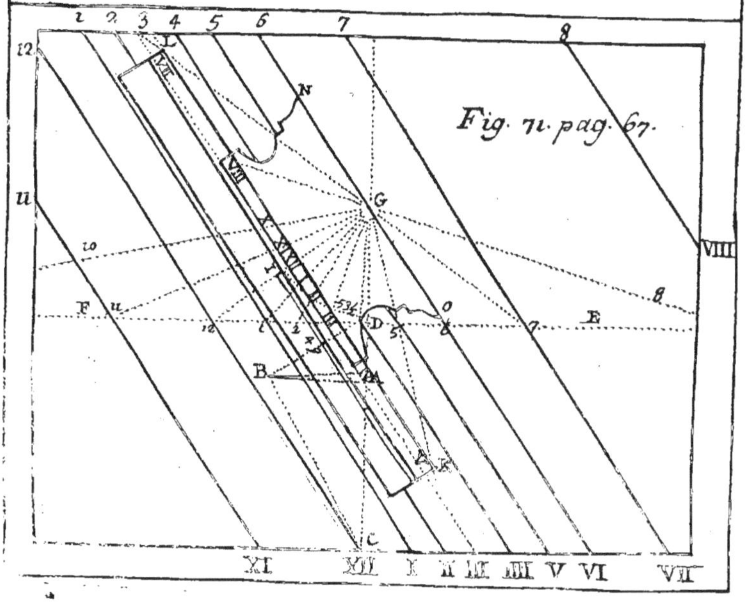

Fig. 71. pag. 67.

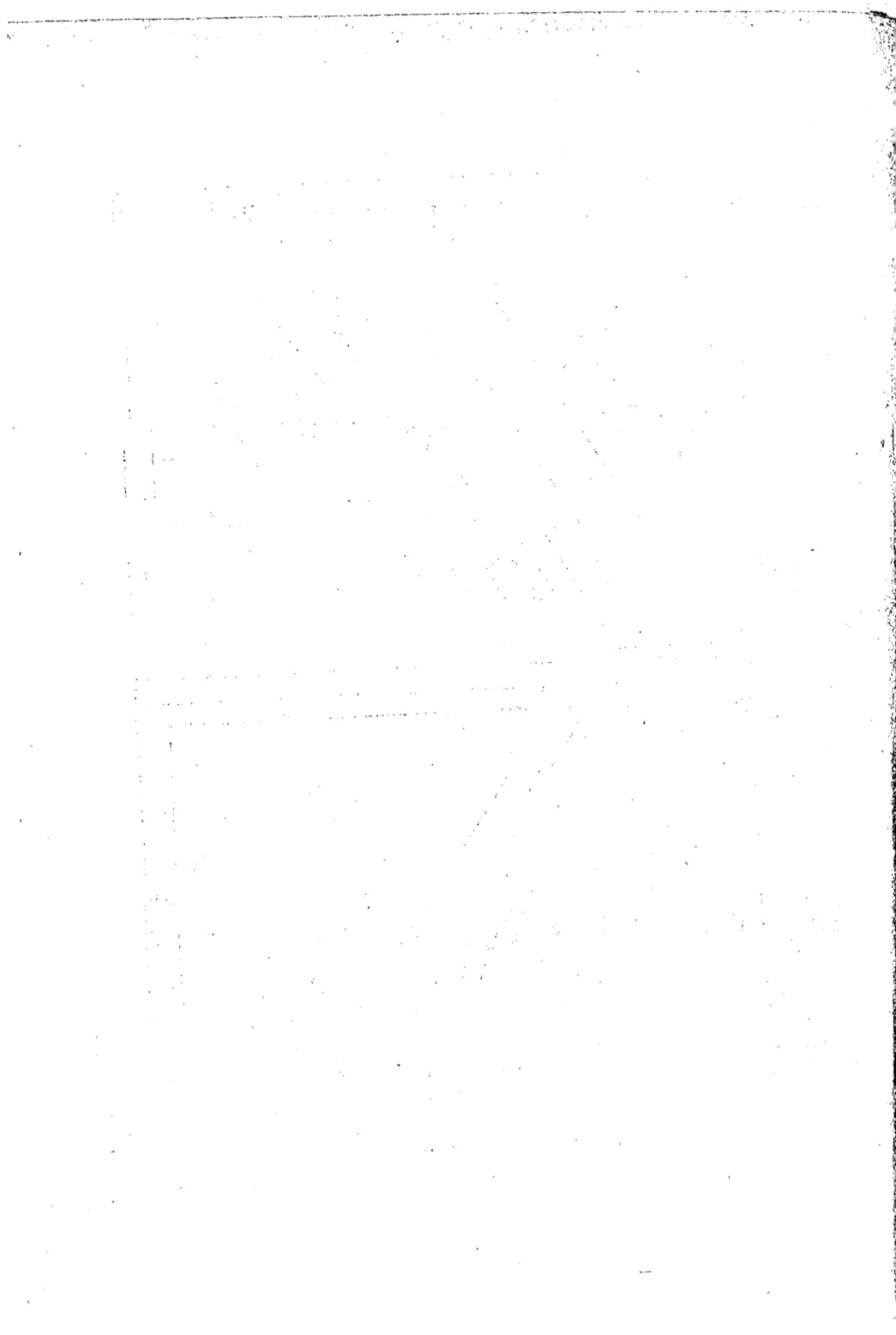

le point H ou G H, ligne de déclinaison rencontre E F, & le point C, tracez la méridienne H C sur C H; faites G 12. égale à l'intervale I. 49. de la regle horaire, qui convient à la latitude donnée.

Par le point 12. tracez K L d'équierre à G H, & sur K L appliquez le bord divisé de la regle horaire, les points XII. 12. tombant l'un sur l'autre; marquez sur K L les points 7. 8. 9. 10. 11 : 1. 2 : 4. 5. vis à vis de ceux VII. VIII. IX. X. XI : I. II : IIII. V. de la regle. Du point G par les divisions de K L, tracez des droites rencontrant E F aux points 7. 8. 9. 10. 11 : 1. 2. Par ces points, tracez parallelement à H C les lignes horaires, qui doivent servir depuis 7 heures du matin jusques à 2 heures du soir: celle de VI. heures qui précede sera tracée par le point 6, déterminé sur E F par G 6, parallele à K L, & celle de V. & de IIII. par les points 5. & 4. trouvez sur la même E F, en prolongeant au-delà du point G les lignes de V. & de IIII. heures.

Ce Cadran n'a point de centre, son stile peut être celui déja posé, ou bien une lame de métail A N O de hauteur égale à A B, & fixée à l'équierre du plan sur la soustilaire qui doit être tracée par le point A, parallelement à C H.

L'axe N O sera parallele à l'axe du monde, son extrémité superieure tendant au pole boreal, & son inferieure au pole austral.

Polaire superieur déclinant du Midi à l'Occident de 53 degrez & demi, & la latitude de 49 degrez.
Planche 34. figure 71.

A Rrêtez sur le plan un stile de longueur convenable, dont vous déterminerez le pied projectif A, comme aussi le projectif C du zenit: par le point A, tracez de niveau A B égal à la hauteur perpendiculaire du stile par dessus le plan. Par les points A C, tracez G C verticale.

du plan, laquelle doit se trouver d'équierre avec A B,
tracez C B, ligne du zenit, & sa perpendiculaire B D,
qui donnera le point D sur G C : par le point D, tracez
à niveau la ligne horizontale F E : sur G C faites D G
égale à D B, & au point G à la gauche de D G l'angle
D G H de 53 degrez & demi, déclinaison observée. Par
le point H ou G H ligne de déclinaison rencontre F E &
le point C, tracez la méridienne H C sur G H, faites G
12. égal à l'intervale I. 49. qui convient à la latitude donnée. Par le point 12. tracez K L d'équierre à G H, & sur
L K appliquez le bord divisé de la regle horaire, les points
XII. 12. tombant l'un sur l'autre.

Marquez sur L K les points 7. 8 : 10. 11 : 1. 2. 3. 4. 5. vis
à vis de ceux VII. VIII : X. XI : I. II. III. IIII. V. de la regle : du point G par les divisions de L K, tracez des droites rencontrant F E aux points 10. 11 : 1. 2. 3. 4. 5. par ces
points, tracez parallelement à H C les lignes horaires qui
doivent servir depuis X. heures du matin jusques à V. heures du soir : celle de VI. heures qui suit sera tracée par le
point 6 déterminé sur F E par G 6, parallele à L K, &
celle de VII. & de VIII. par les points 7. 8. trouvez sur la
même E F, en prolongeant au-delà du point G la ligne de
VII. & de VIII. heures.

Ce Cadran n'a point de centre, son stile peut être celui déja posé, ou bien une lame de métail A N O de hauteur égale à A B, & fixée à l'équierre du plan sur la soustilaire, qui doit être tracée par le point A parallelement à
C H ; l'axe N O sera parallele à l'axe du monde, son extrêmité superieure tendant au pole boreal, & son inferieure au pole austral.

La construction de ce Cadran est le revers de droit à
gauche de celle qui a servi au polaire superieur, déclinant
vers l'Est, n'y ayant rien de changé que les caracteres des
horaires, par la position bout pour bout de la regle horaire.

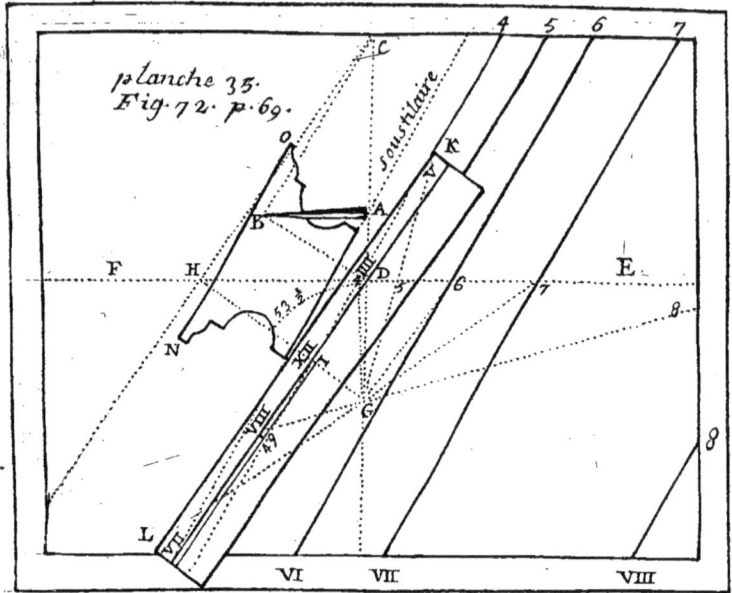

planche 35.
Fig. 72. p. 69.

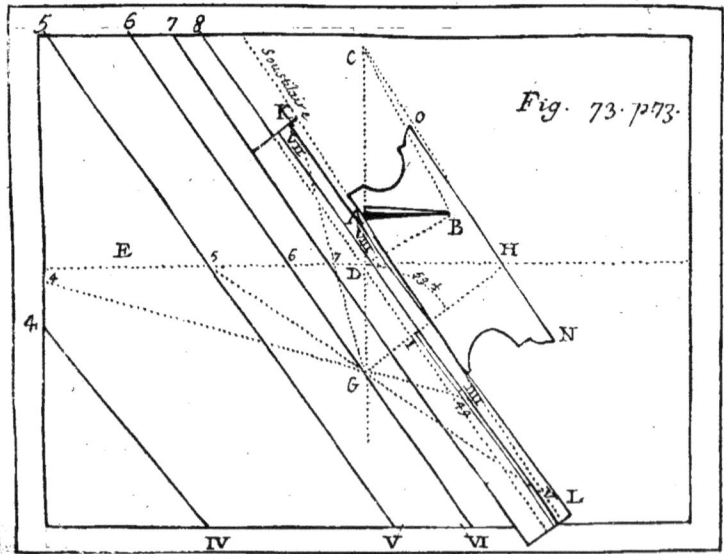

Fig. 73. p. 73.

Polaire inferieur déclinant du Septentrion à l'Orient de 53 degrez & demi , & sa latitude de 49 degrez.
Planche 35. figure 72.

ARrêtez sur le plan un stile de longueur convenable, dont vous déterminerez le pied projectif A , comme aussi le point projectif C du nadir : par le point A, tracez G C verticale du plan, laquelle doit se trouver d'équierre avec A B ; tracez C B ligne du nadir & sa perpendiculaire B D, qui donnera le point D sur C G. Par le point D, tracez à niveau l'horizontale F E sur C G ; faites D G égale à D B , & au point G à la gauche de D G l'angle D G H de 53 degrez & demi, déclinaison observée. Par le point H ou G H, ligne de déclinaison rencontre F E & le point C, tracez C H ligne de minuit ; sur H G faites G 12. égale à l'intervale I. 49. qui convient à la latitude donnée. Par le point 12, tracez L K d'équierre à G H, & sur L K appliquez le bord divisé de la regle horaire, les points XII. 12. tombant l'un sur l'autre. Marquez sur L K les points 7. 8 : 4. 5, vis à vis de ceux VII. VIII : IIII. V. de la regle. Du point G par les divisions de L K, tracez des droites rencontrant F E aux points 4.5. Par ces points, tracez parallelement à C H les lignes horaires de IIII. & de V. heures du matin : celle de VI. heures qui suit sera tracée par le point 6 déterminé sur F E par G 6, parallele à L K, & celle de VII. & de VIII. par les points 7. 8. trouvez sur la même E F, en prolongeant au-delà du point G les lignes de VII. & de VIII. heures, le plan ne pouvant porter que les quatre premieres heures du matin.

Ce Cadran n'a point de centre, son stile peut être celui déja posé, ou une lame de métail A N O de hauteur égale à A B, & fixée à l'équierre du plan sur la soustilaire qui doit être tracée par le point A parallelement à C H.

I iij

L'axe O N fera parallele à l'axe du monde, fon extrêmité fuperieure tendant au pole boreal, & fon inferieure au pole auftral.

Polaire inferieur déclinant du Septentrion à l'Occident de
53 degrez & demi, & la latitude de 49 degrez.
Planche 35. figure 73.

A Rrêtez fur le plan un ftile de longueur convenable,
dont vous déterminerez le pied projectif A, comme auffi le projectif C du nadir : par le point A, tracez
de niveau A B égale à la hauteur perpendiculaire du ftile
par-deffus le plan.

Par les points C A, tracez C G verticale du plan, laquelle doit fe trouver d'équierre avec A B, tracez C B ligne du nadir, & fa perpendiculaire B D qui donnera le
point D fur C G. Par le point D, tracez à niveau la ligne horizontale E F ; fur C G faites D G égale à D B, &
au point G à la droite de D G l'angle D G H de 53 degrez & demi, déclinaifon obfervée. Par le point H ou
G H, ligne de déclinaifon rencontre E F & le point C,
tracez C H ligne de minuit : fur C G faites G 12. égal à
l'intervale I. 49. qui convient à la latitude donnée. Par
le point 12. tracez K L d'équierre à G H, & fur K L appliquez le bord divifé de la regle horaire, les points XII.
12. tombant l'un fur l'autre.

Marquez fur K L les points 7. 8 : 4. 5. vis à vis de ceux
VII. VIII : IIII. V. de la regle. Du point G par les divifions de K L, tracez des droites rencontrant E F aux
points 7. 8. Par ces points, tracez parallelement à C H
les lignes horaires de VII. & de VIII. heures du foir :
celle de VI. qui précede fera tracée par le point 6 déterminé fur E F par G 6 parallele à K L, & celles de V. &
de IIII. par le point 5 & de 4 trouvé fur la même E F, en
prolongeant au-delà du point G les lignes de V. & de IIII.
heures, ce plan ne pouvant porter que les 4 dernieres
heures du jour.

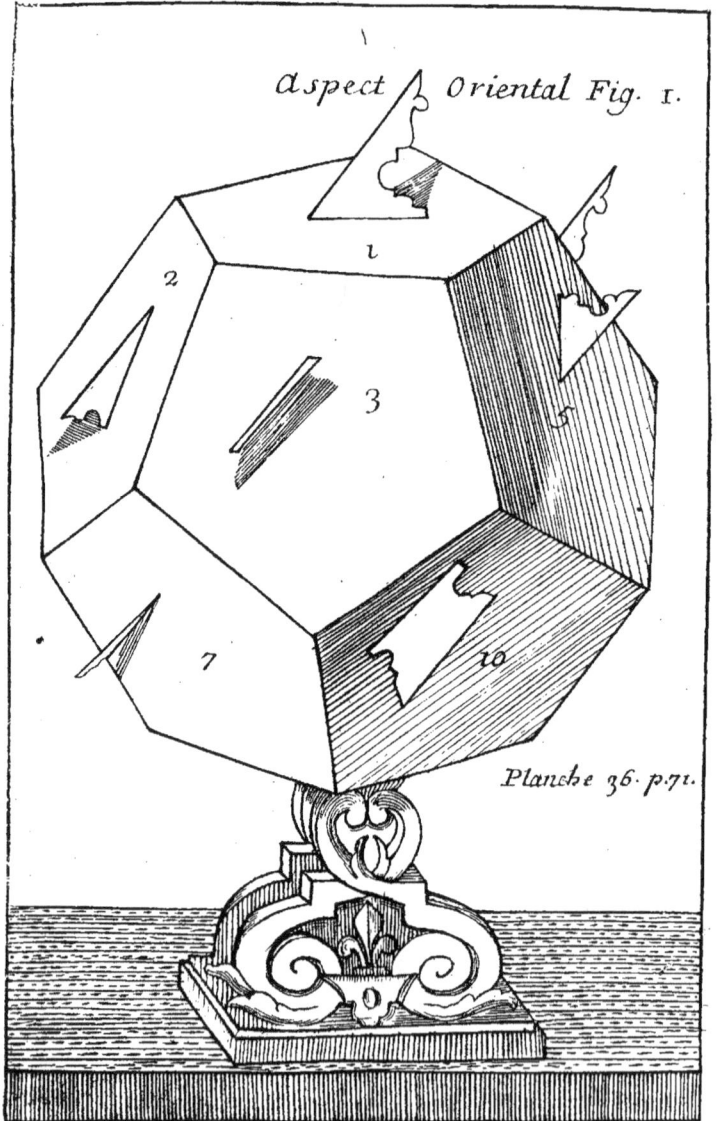

Aspect Oriental Fig. 1.

Planche 36. p.71.

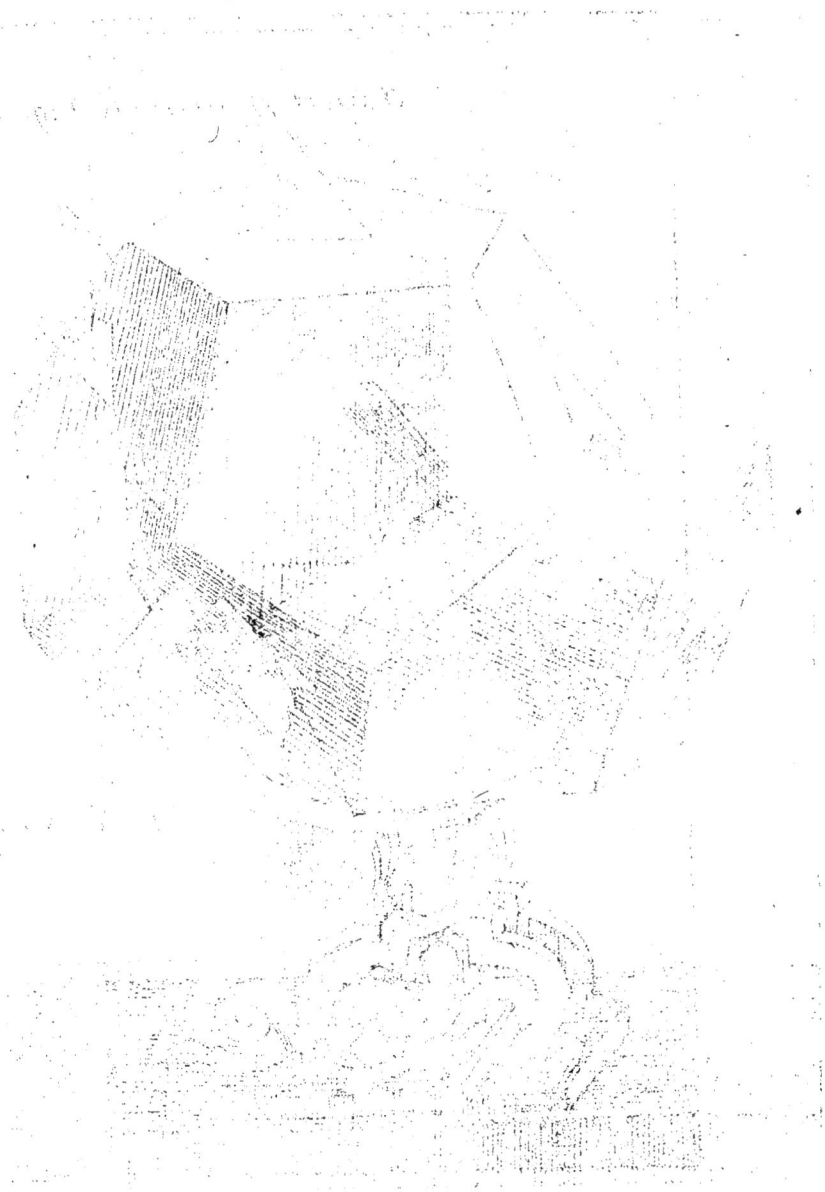

aspect occidental Fig. II.

Ce Cadran n'a point de centre, son stile peut être ce-lui déja posé, ou bien une lame de métail A O N de hauteur égale à A B, & fixée à l'équierre du plan sur la soustilaire, qui doit être tracée par le point A parallement à C H, l'axe O N sera parallele à l'axe du monde, son extrêmité superieure tendant au pole boreal, & son inferieure au pole austral.

La construction de ce Cadran est le renversement de haut en bas de celle du polaire superieur déclinant du Sud à l'Est, dont on a retranché les heures inutiles, & changé les caracteres des autres dans leurs supplements, conformément à la situation de la regle. C'est aussi le revers de droit à gauche du polaire inferieur déclinant du Nord à l'Est.

Des Polihedres Gnomoniques. Planche 36. figure I. II.

C'Est une piece assez curieuse qu'un Polihedre, dont les faces étant ornées de divers Cadrans, montrent l'heure à mesure que le Soleil les éclaire.

Tous les Polihedres ne font pas également propres à cet usage : car entre les reguliers, on n'employe ordinairement que le Cube & le Dodecahedre. Le Cube porte 5 Cadrans, à sçavoir un horizontal, & quatre verticaux : le Dodecahedre en reçoit onze, qui font un horizontal, deux inclinez, & huit inclinez & déclinans.

A l'égard des Corps irreguliers, il n'y en a point de plus favorables que le double anneau Octogone, il porte 13 Cadrans des plus beaux, & disposez sous le méridien & sous l'équateur ; chacun de ces corps peut être fixé, ou être portatif, mais toûjours orienté sur son pied.

La figure I. represente un Dodecahedre Gnomonique dans l'aspect oriental, les faces chargées seulement des stiles qui conviennent aux Cadrans que l'on doit y tracer.

La figure II. fait voir le même Corps dans l'aspect occidental ou opposé au précedent.

Quant à la difposition de ces faces elles font telles.

La premiere eft horizontale ou de niveau.

2. Superieure inclinée vers le Sud.

3. Superieure inclinée & déclinante du Sud à l'Eft de 72. degrez.

4. Superieure inclinée & déclinante du Sud à l'Eft de 72. degrez.

5. Superieure inclinée & déclinante du Nord à l'Eft de 36 degrez.

6. Superieure inclinée & déclinante du Nord à l'Eft de 36 degrez.

7. Inclinée inferieure & déclinante du Sud à l'Eft de 36. degrez.

8. Inclinée inferieure & déclinante du Sud à l'Eft de 36. degrez.

9. Inclinée inferieure vers le Nord.

10. Inclinée inferieure & déclinante du Nord à l'Eft de 72 degrez.

11. Inclinée inferieure & déclinante du Nord à l'Oüeft de 72 degrez.

Double anneau gnomonique vû fous deux afpects, Planche 37. figure III. IIII.

L A figure III. reprefente un double anneau octogone dans fon afpect oriental, les faces chargées feulement des ftiles convenables aux Cadrans que l'on peut y tracer.

La figure III. *planche* 37. fait voir le même dans l'afpect occidental, felon l'expofition des faces exterieures de ce folide.

La premiere eft horizontale ou de niveau.

2. Eft verticale méridionnale & tournée au Sud.

3. Eft verticale feptentrionnale ou tournée au Nord.

4. Eft verticale orientale tournée à l'Eft.

                                          5. Eft

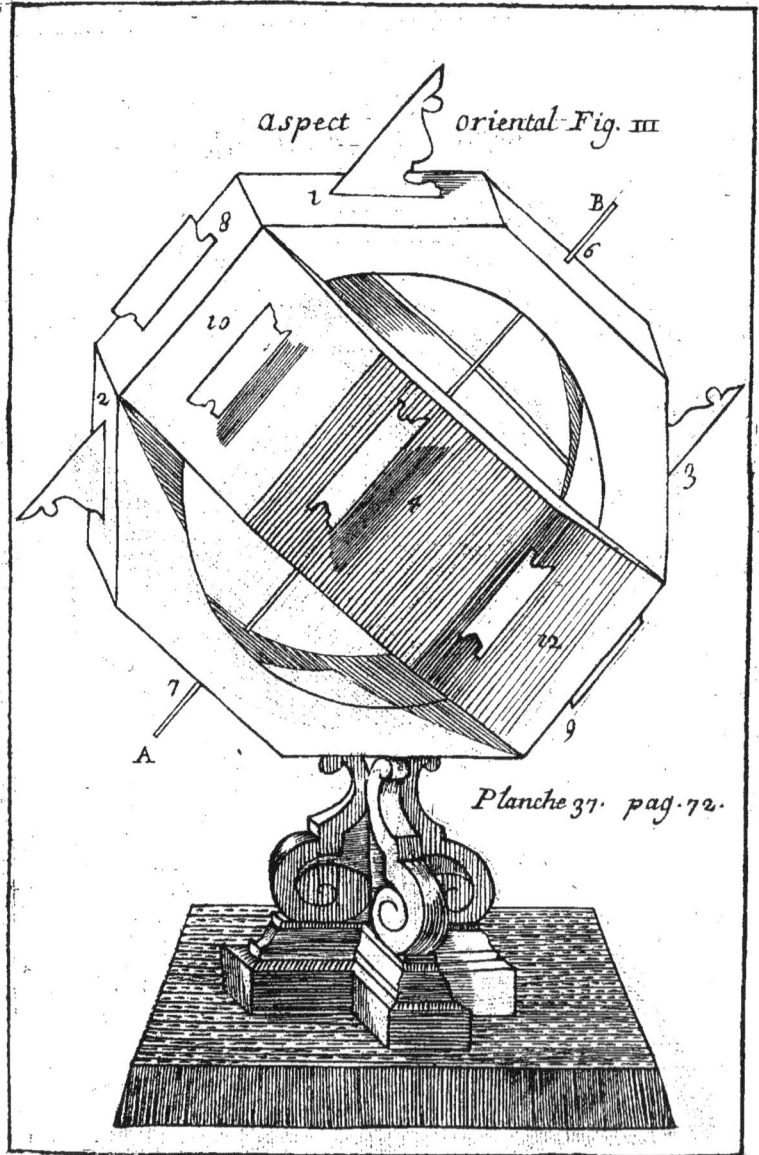

aspect oriental Fig. III

Planche 37. pag. 72.

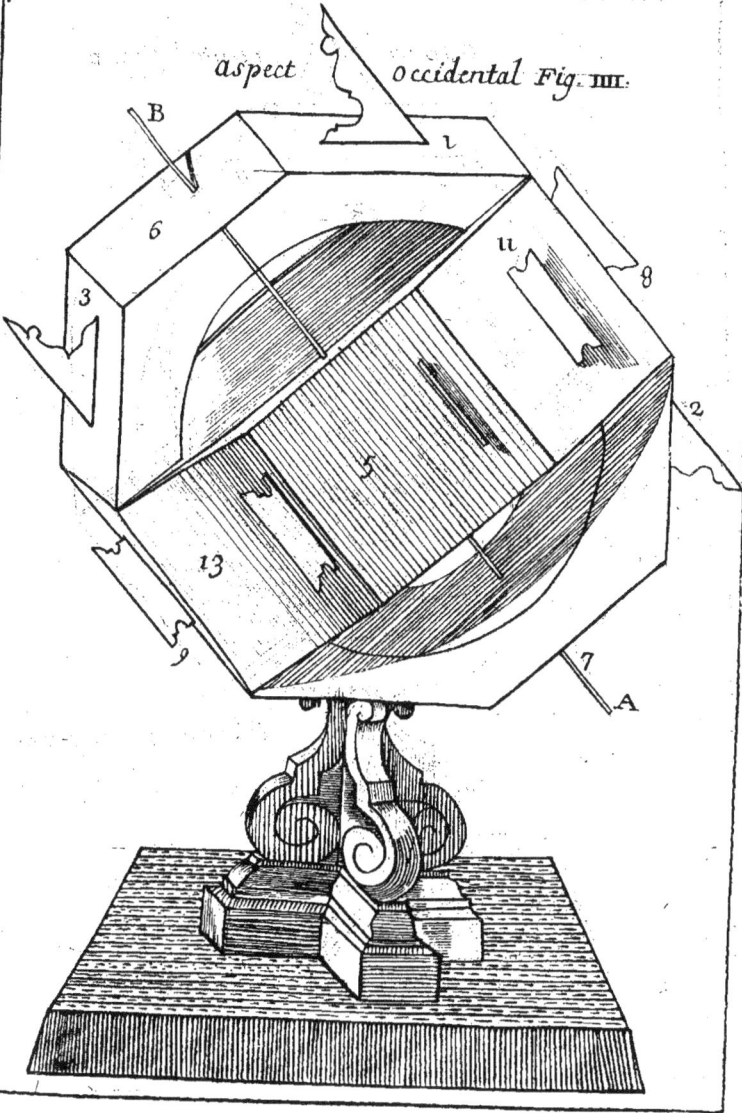

aspect occidental Fig. IIII.

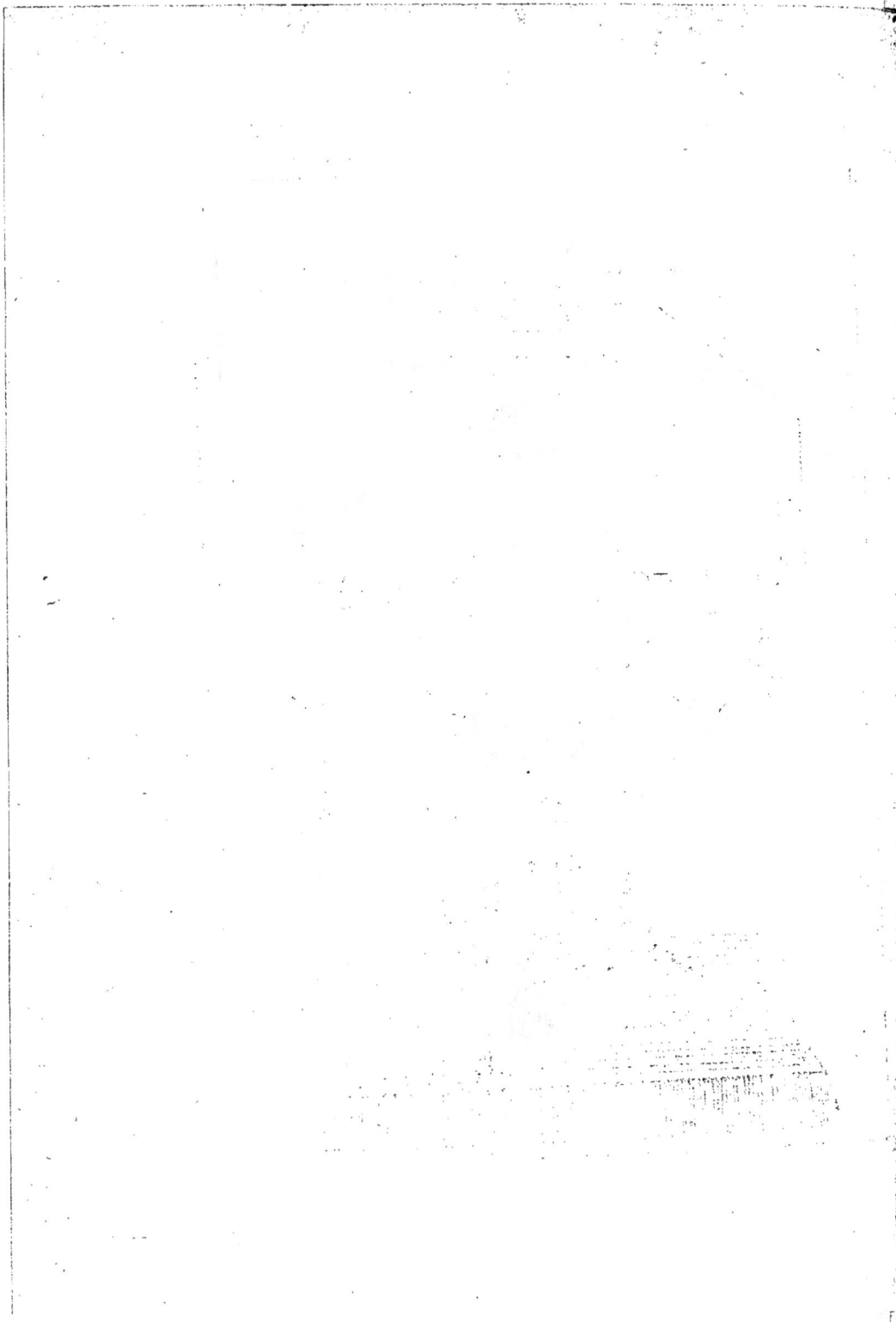

5. Eſt verticale occidentale tournée à l'Oüeſt.

6. Equinoxiale ſuperieure tournée droit au pole boreal, ou inclinée ſuperieure de 41 degrez, 9 minutes.

7. Equinoxiale inferieure tournée droit au pole auſtral, ou incliné inferieure de 41 degrez, 9 minutes.

8. Polaire ſuperieure parallele à l'axe du monde, ou inclinée ſuperieure de 48 degrez, 51 minutes.

9. Polaire inferieure auſſi parallele à l'axe du monde, ou inclinée inferieure de 48 degrez, 51 minutes.

10. Polaire inclinée ſuperieure & déclinante du Sud à l'Eſt de 51 degrez & demi.

11. Polaire inclinée ſuperieuré & déclinante du Sud à l'Oüeſt de 53 degrez & demi.

12. Polaire inclinée inferieure & déclinante du Nord à l'Eſt de 53 degrez & demi.

13. Polaire inclinée inferieure & déclinante du Nord à l'Oüeſt de 53 degrez & demi.

Chacun de ces Cadrans peut être repeté ſur les faces interieures de l'anneau lors qu'elles ſont para'leles aux exterieures.

Des diverſes heures du jour naturel.

Les heures qui diviſent le jour naturel en 24 parties égales, ſont de trois eſpeces, eu égard à la maniere de les compter : celles qui commencent à minuit ou à midi & qui ſont en uſage chez nous, & preſque par toute l'Europe, ſont appellées communes ou aſtronomiques, & ont pour premiere ligne le méridien : celles qui commencent au lever du Soleil, & dont les Ariens ſe ſervent ſont nommées heures Babyloniques, elles ont pour premiere ligne l'horizon oriental, & celles qui commencent au coucher, & dont on ſe ſert en Italie, ſont appellées heures Italiques; leur premiere ligne eſt l'horizon occidental.

Les lignes de ces heures étant tracées ſur un Cadran au Soleil, ont diverſes proprietez que l'on ne connoît que par l'ombre de la pointe du ſtile ; les heures communes

K

marquent combien il y a que le jour naturel est commencé, ou que le Soleil a passé par le méridien; les Babyloniques, combien il y a que le Soleil est levé sur l'horizon, ou que le jour artificiel est commencé; & les Italiques, combien il y a que le Soleil s'est couché sous l'horizon le jour précedent, & que le jour artificiel a fini; d'où il s'ensuit, que si de l'heure commune marquée au matin, on prend le complément à 12, on aura le reste du tems que le Soleil doit employer pour arriver au cercle du Midi, qui est la moitié de nôtre jour naturel : si l'heure commune est du soir, son complément à 12. donnera le reste du tems que le Soleil doit employer pour arriver au cercle de minuit, & finir nôtre jour naturel : si l'heure commune est du matin, son complément à 24. donnera de même le reste du jour naturel : si de l'heure Babylonique l'on prend le complément à 24. on connoîtra le tems qu'il doit se coucher jusques au prochain lever du Soleil, qui sera celui du jour suivant : si de l'heure Italique marquée on prend le complément à 24, on aura le nombre d'heures qui restent jusques au prochain coucher du Soleil, au jour de l'observation : si l'heure Babylonique, où joint le complément à 24. de l'heure Italique marquée au même tems, on aura la longueur du jour artificiel, dont la différence à 24. sera la longueur de la nuit.

EXEMPLE.

L'ombre de la pointe du stile tombant à même tems sur la 6e. heure Babylonique, & sur la 18e. Italique, fera connoître par la premiere qu'il y aura 6 heures que le Soleil est levé ce jour-là; & par la seconde, qu'il n'y aura plus que 6 heures de jour qui est le complément de 18 qu'il y a que le Soleil est couché du jour précedent : or ajoûtant ensemble ces deux nombres 6 & 6, on aura 12 heures pour la longueur du jour naturel au tems de l'observation; & ces 12 heures ôtées de 24, donneront aussi 12 pour la longueur de la nuit. Si les heures communes &

les paralleles des fignes font tracées fur le Cadran, le même point d'ombre marquera encore le moment de l'ob-
fervation, à fçavoir Midi le jour des équinoxes.

J'ay enfeigné ci-devant à tracer les heures communes
par l'application de la regle horaire, comme auffi les paralleles des fignes par le trigone : je vais donner la maniere de tracer les heures Babyloniques & les Italiques en les
joignant aux heures communes.

---

*Regles generales pour l'application des heures Babyloniques
& Italiques fur les Cadrans de nôtre fphere oblique.*

1°. L Es heures communes feront tracées fur le Cadran,
comme auffi la ligne horizontale fi elle y convient. 2°. On tracera enfuite un parallele du lever du
Soleil à quelque heure précife fous la latitude du lieu. Par
exemple, Paris & aux environs, dont la latitude eft de
49 degrez, le Soleil fe leve à IIII. heures précifes, & au
tropique du cancer on prendra cet arc pour la parallele
du lever du Soleil. 3°. On tracera auffi pour fecond parallele le tropique du capricorne, le Soleil s'y levant à
VIII. heures précifes. 4°. On tracera encore l'équinoxiale fi elle convient au Cadran, & elle fera la parallele
du lever du Soleil à 6 heures précifes au tems des équinoxes ; ces paralleles ferviront auffi pour le coucher du
Soleil : car au tropique du Cancer le Soleil fe couche à 8
heures précifes, au tropique du Capricorne il fe couche
à IIII. heures, & dans les équinoxes il fe couche à VI.
heures.

Ces paralleles fe trouveront tracées fur le Cadran
s'il porte les arcs des fignes ; s'ils n'y font pas, l'on tracera ces paralleles ainfi qu'il a été enfeigné dans la premiere partie de ce livre, & même l'on les prolongera au deffus de l'horizontale s'il eft neceffaire. Cela fuppofé, on
doit confiderer, 1°. que pour les horaires Babyloniques, la

ligne de VIII. heures commune du matin, coupe l'horizontale & l'arc du Capricorne en un point qui marque
fur ce parallele le lever du Soleil, & le commencement
de la premiere heure Babylonique à IX. heures, il y aura
une heure que le Soleil fera levé, & par confequent l'interfection de la ligne de IX. heures commune avec l'arc
du Capricorne fera un point de la premiere horaire Babylonique, à X. heures il y aura deux heures que le Soleil
fera levé, & l'interfection de la Xᵉ horaire commune avec
le même arc fera un point de la feconde Babylonique:
l'interfection de la XIᵉ commune fera un point de la 3ᵉ
Babylonique, la XIIᵉ un point de la 4ᵉ Babylonique, &
ainfi des autres en augmentant. 2°. La ligne de VI. heures commune du matin coupe l'horizontale & l'équinoxiale dans un point qui marque au tems des équinoxes le
lever du Soleil, & le commencement de la premiere heure Babylonique, à VII. heures il y aura une heure que le
Soleil fera levé, par confequent l'interfection de l'équinoxiale avec la ligne de VII. heures commune fera un
point de la premiere horaire Babylonique : l'interfection
de la VIII. commune avec la même équinoxiale fera un
point de la feconde Babylonique : celle de IX. heures communes un point de la 3ᵉ Babylonique, à XII. un point de
la 6ᵉ Babylonique. 3°. La ligne de IIII. heures communes du matin coupe l'arc du Cancer en un point qui marque fur ce parallele le lever du Soleil & le commencement de la premiere heure Babylonique, à V. heures il y
aura une heure que le Soleil fera levé, ainfi l'interfection
de la Vᵉ commune avec l'arc du Cancer fera un point
de la 1ᵉ Babylonique : l'interfection de la VIᵉ commune
fera un point de la 2ᵉ Babylonique : l'interfection de la
VIIᵉ commune fera un point de la 3ᵉ Babylonique, XII.
un point de la VIIIᵉ, & ainfi des autres : ces interfections
étant ainfi déterminées, les horaires Babyloniques le feront auffi : car il n'y aura plus qu'à tracer chacune d'elles par les points qui lui conviennent, deux defquels fuf-

firont : car il y a des cas où l'on ne fçauroit en avoir un 3e, & c'eft dans cette vûë que j'ay établi des points fur trois paralleles, afin que les unes fuppleaffent au défaut des autres.

Des heures Italiques.

Les heures Italiques feront auffi déterminées en fai-fant les obfervations qui fuivent. 1°. La ligne de IIII. heures communes du foir coupe l'horizontale & l'arc du Capricorne en un point qui marque fur ce parallele le cou-cher du Soleil, ou la fin de la 24e heure Italique ; à III. heures qui précedent, il ne refte plus qu'une heure jufques au coucher du Soleil, par confequent l'interfection de la ligne de III. heures commune avec l'arc du Capricorne, fera un point de la 23e Italique ; à II. heures communes avec le même arc, fera un point de la 22e Italique : l'in-terfection de la ligne de I. heure commune fera un point de la 21e Italique ; à XII. un point de la 2e, & ainfi des autres en diminuant.

2°. La ligne de VI. heures communes du foir coupe l'horizontale & l'équinoxiale dans un point qui marque au tems des équinoxes le coucher du Soleil, ou la fin de la 24e heure Italique, à V. heures qui précede il ne refte plus qu'une heure jufques au coucher du Soleil, par con-fequent l'interfection de la ligne de V. heures commune avec l'équinoxiale, fera un point de la 23e Italique : l'in-terfection de la IIII. commune un point de la 22e Italique, & à XII. heures communes un point de la 18e Italique.

3°. La ligne de VIII. heures communes du foir coupe l'arc du Cancer en un point qui marque fur fa parallele le coucher du Soleil, ou la fin de la 24e Italique ; à VIII. heures qui précedent il ne reftera plus qu'une heure juf-ques au coucher du Soleil, & ainfi l'interfection de la li-gne de V. heures communes avec l'arc du Cancer fera un point de la 23e Italique : l'interfection de la VIe commune fera un point de la 22e Italique : l'interfection de la Ve com-

K iij

mune un point de la 21e Italique, à XII. heures un point de la 16e Italique.

Ces interfections étant ainfi déterminées, les horaires Italiques le feront auffi, puifqu'il n'y aura plus qu'à tracer chacune d'elles par les points qui lui convindront, deux defquels peuvent fuffire, ainfi qu'il a été dit en parlant des Babyloniques.

Ce que je viens d'obferver convient en general à tous les Cadrans, à l'axe plan de l'horizontale & de l'équinoxiale dont l'on n'a point de ligne horizontale, fon plan étant de niveau ; & l'autre n'a point de ligne équinoxiale, & ne reçoit qu'un projectif, fon plan étant paralelle à l'équateur ; mais au défaut de ces lignes, on en trouve quelqu'autre qui rend également aifé l'application des heures Babyloniques & des Italiques fur ces deux fortes de Cadrans, chacune des trois efpeces d'heures dont je viens de parler peut être tracée fur un Cadran particulier, elles peuvent auffi être tracées toutes enfemble fur un même, les Babyloniques & les Italiques renfermées par les tropiques, & les communes prolongées au dehors, ou enfin de quelque maniere pour les diverfifier, obfervant toûjours de bien diftinguer ces differentes efpeces d'heures par des chiffres ou horaires differentes les unes des autres, & de leur adapter un ftyle droit ou quelque équivalent, qui puiffe convenir à toutes enfemble.

Les applications que je vais faire des heures Babyloniques & des Italiques fur quelques Cadrans, feront, qu'elles feules fuppléront à toutes autres applications que l'on pourroit faire.

Tracer les heures Babyloniques fur un déclinant de 40 degrez du Midi à l'Orient pour une latitude de 49 degrez.
Planche 38. figure 74.

TRacez fur le Cadran le tropique du Cancer, celui du Capricorne, & la ligne équinoxiale, ainfi qu'il a été dit ; tracez auffi la ligne horizontale qui fera la 24eBa-

bylonique, paſſant par l'interſection de l'arc du Capricorne & de la ligne de VII heures communes du matin, &
par l'interſection de l'équinoxiale & de la ligne de VI heures auſſi communes.

Tracez la premiere Babylonique par l'interſection de
l'arc du Capricorne & de la ligne de IX heures communes. Par l'interſection de l'équinoxiale & de la ligne de
VII heures, & par l'interſection de l'arc du Cancer & de
la ligne de V heures communes, tracez la ſeconde Babylonique par l'interſection du Capricorne & de la ligne de
X heures communes par l'interſection de l'équinoxiale &
de la ligne de VIII heures, & par l'interſection du Cancer
& de la ligne de VI heures, tracez la troiſiéme Babylonique par l'interſection de l'arc du Capricorne & de la ligne
de XI heures commune par l'interſection de l'équinoxiale & de la ligne de IX heures, & par l'interſection du
Cancer & de la ligne de VII heures, tracez la quatriéme
Babylonique par l'interſection de l'arc du Capricorne &
de la ligne de XII heures communes, par l'interſection de
l'équinoxiale & de la ligne de dix heures, & par l'interſection de l'arc du Cancer & de la ligne de VIII heures.

Tracez de même les autres Babyloniques qui ſuivent,
ſçavoir la cinquiéme & la ſixiéme chacune par trois points
pris ſur les tropiques & ſur l'équinoxiale, & la ſeptiéme &
huitiéme chacune par deux points ſeulement pris ſur l'é-
quinoxiale & ſur l'arc du Cancer.

La huitiéme Babylonique dont j'ai parlé ci-deſſus, ne
peut être marquée ſur le Cadran qui nous ſert d'exemple;
ce qui vient & de ſa déclinaiſon, & du plan que l'on s'eſt
propoſé de remplir.

Tracer les heures Italiques sur un déclinant de 40 degrez du Midi à l'Occident pour une latitude de 49 degrez.
Planche 38. figure 75.

TRacez sur le Cadran le tropique du Cancer, celui du Capricorne, & la ligne équinoxiale, ainsi qu'il a été dit ; tracez aussi la ligne horizontale qui sera la 24e Italique, passant par l'intersection de l'arc du Capricorne & de la ligne de IIII heures communes du soir, & par l'intersection de l'équinoxiale & de la ligne de VI heures, tracez la 23e Italique par l'intersection de l'arc du Capricorne & de la ligne de III heures communes par l'intersection de l'équinoxiale & de la ligne de V heures, & par l'intersection de l'arc du Cancer & de la ligne de VII heures, tracez la 22e Italique par l'intersection de l'arc du Capricorne & de la ligne de II heures communes par l'intersection de l'équinoxiale & de la ligne de IIII heures, & par l'intersection de l'arc du Cancer & de la ligne de VI heures.

Tracez la 21e Italique par l'intersection du Capricorne & de la ligne de I. heure commune par l'intersection de l'équinoxiale & de la ligne de III heures ; & par l'intersection de l'arc du Cancer & de la ligne de V heures, tracez la 20e Italique par l'intersection de l'arc du Capricorne & de la ligne de XII heures communes par l'intersection de l'équinoxiale & de la ligne de II heures, & par l'intersection de l'arc du Cancer & de la ligne de IIII heures.

Tracez de même les autres Italiques qui précedent ; sçavoir la 19e & la 18e chacune par trois points pris sur les tropiques & sur l'équinoxiale, la 17e & la 16e chacune par deux points seulement pris sur l'équinoxiale & sur l'arc du Cancer.

Ce Cadran portant les heures Italiques, est le revers du précedent qui porte les Babyloniques, n'y aïant rien
de

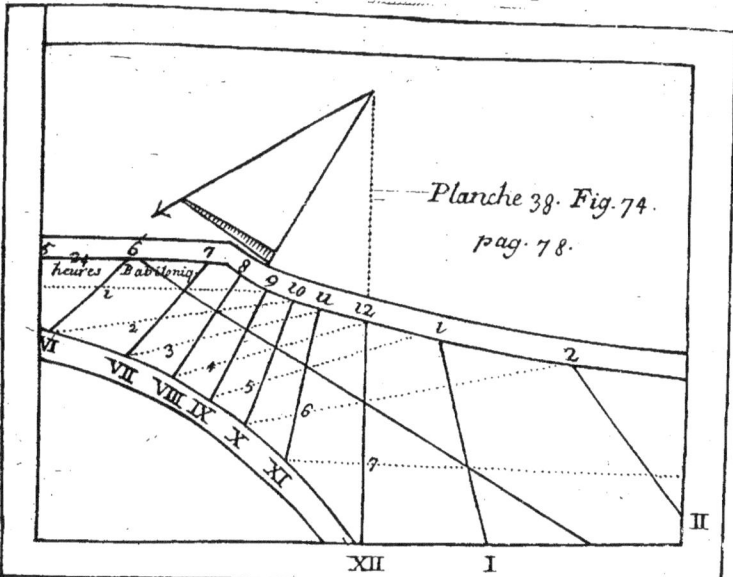

Planche 38. Fig. 74.
pag. 78.

5 24 6   7
heures Babilonig   8 9 10 11 12
ı   ı
VI   2   3   2
   VII VIII IX   4
         X   5
            XI   6
              7

XII   I   II

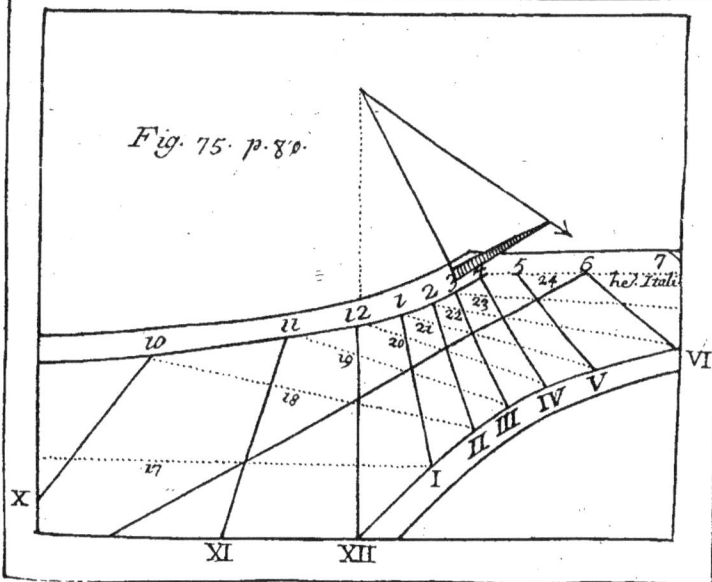

Fig. 75. p. 80.

5 24 6 hei.Itali. 7
11   12 ı 2 3
20 21 22 23
10   19   20
   18
X 17   I II III IV V   VI

XI   XII

s 20

A

v 49

V 70

ℓ

Fig. 1.

c   7   L   8   I   9   G   10   11   12   1   2   3   4   5 D
     Z   M   H   K   N

a   b

VII   VIII   IX   X XI   XII I   II   III   IV   V
                              L   70   49   20

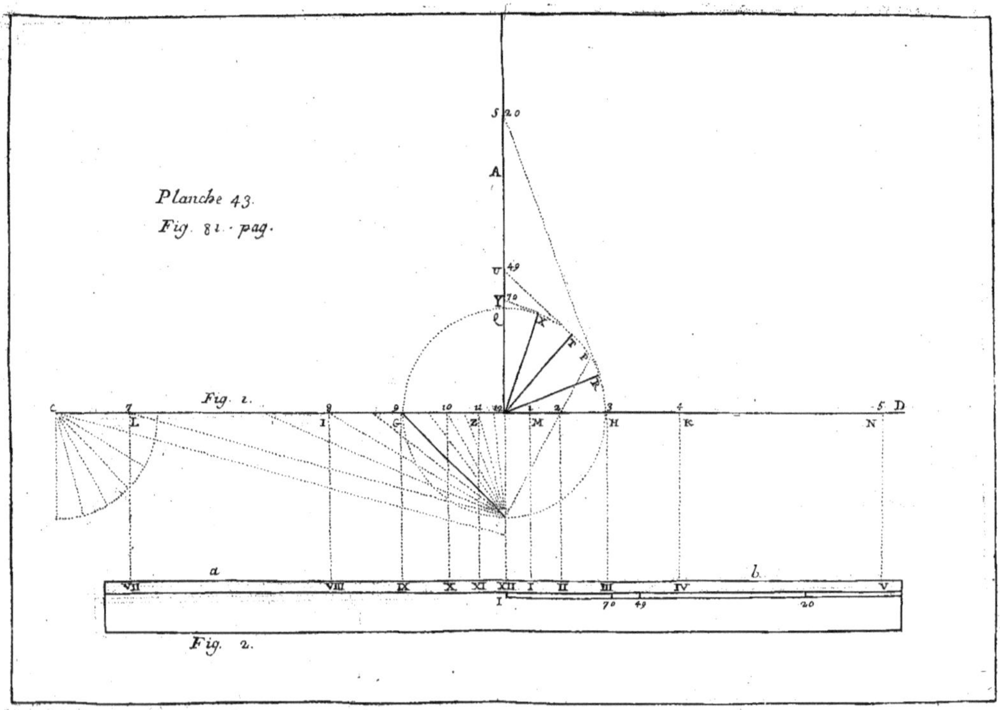

Fig. 2.

de changé que les caracteres, dont les unes font le fupplément à 24 des autres.

La 16ᵉ Italique dont j'ay parlé, ne fçauroit être marquée fur le Cadran qui nous fert d'exemple, ce qui vient & de fa déclinaifon & de la grandeur du plan que l'on s'eft propofé de remplir.

Tracer les heures communes Babyloniques & Italiques fur un vertical déclinant de 40 degrez du Midi à l'Orient, pour une latitude de 49 degrez. Planche 39. figure 76.

TRacez fur le Cadran les tropiques & l'équinoxiale, ainfi qu'il a été dit ci-devant : tracez auffi les heures Babyloniques par les interfeĉtions qui leur conviennent fur les tropiques & fur l'équinoxiale : tracez auffi les heures Italiques par les interfeĉtions qui leur conviennent fur les tropiques & fur l'équinoxiale.

Les lignes de ces heures, celles des communes & l'équinoxiale doivent s'entrecouper toutes en des points communs fi elles ont été bien tracées. Enfin diftinguez toutes ces heures & leurs caracteres par des chiffres ou couleurs differentes, & leur appliquez enfuite un ftile convenable.

Nota. Par les interfeĉtions des heures Babyloniques & des Italiques, on peut tracer non feulement entre les tropiques des paralleles ou arcs diurnes, differens de demie-heure l'une de l'autre, mais encore entre les horaires communes des lignes demi-horaires, il en eft de même des autres Cadrans qui portent les heures Babyloniques & les Italiques.

L

Tracer les heures communes, Babyloniques & Italiques sur
un polaire superieur pour 49 degrez de latitude.
Planche 39. figure 77.

L'Horizontale étant tracée, comme aussi les tropiques de Capricorne & de Cancer, & la ligne équinoxiale, ainsi qu'il a été dit ; tracez les horaires Babyloniques par les intersections qui conviennent à chacune d'elles sur les tropiques & sur la ligne équinoxiale. Les lignes de ces heures, celles des communes, & l'équinoxiale doivent s'entrecouper toutes en des points communs si elles ont été bien tracées.

Les lignes de 12 heures Italiques & de 12 Babyloniques doivent aussi se trouver paralleles à la 24e Italique, chacune à la sienne.

Enfin, distinguez par des chiffres ou couleurs differentes les diverses heures, & leur appliquez un stile convenable.

Nota. On peut faire ici les mêmes remarques que sur le Cadran precedent, qui porte les heures Babyloniques & Italiques.

Tracer les heures Babyloniques & les Italiques sur un équinoxial superieur, la latitude étant de 49 degrez.
Planche 40. figure 78.

T Racez la ligne horizontale, qui coupera les lignes de IIII. & de V. heures communes du matin aux points IIII. & V. & les lignes de VII. & de VIII. heures communes du soir aux points VII. VIII.

Du centre du Cadran par les points IIII. VIII. tracez l'arc de Cancer ; & par les points V. VII. un autre parallele suppleant à l'équinoxiale ; cela étant fait, la partie de l'horizontale passant par les points IIII. V. du lever du Soleil, sera la 24e Babylonique, ensuite de laquelle on tra-

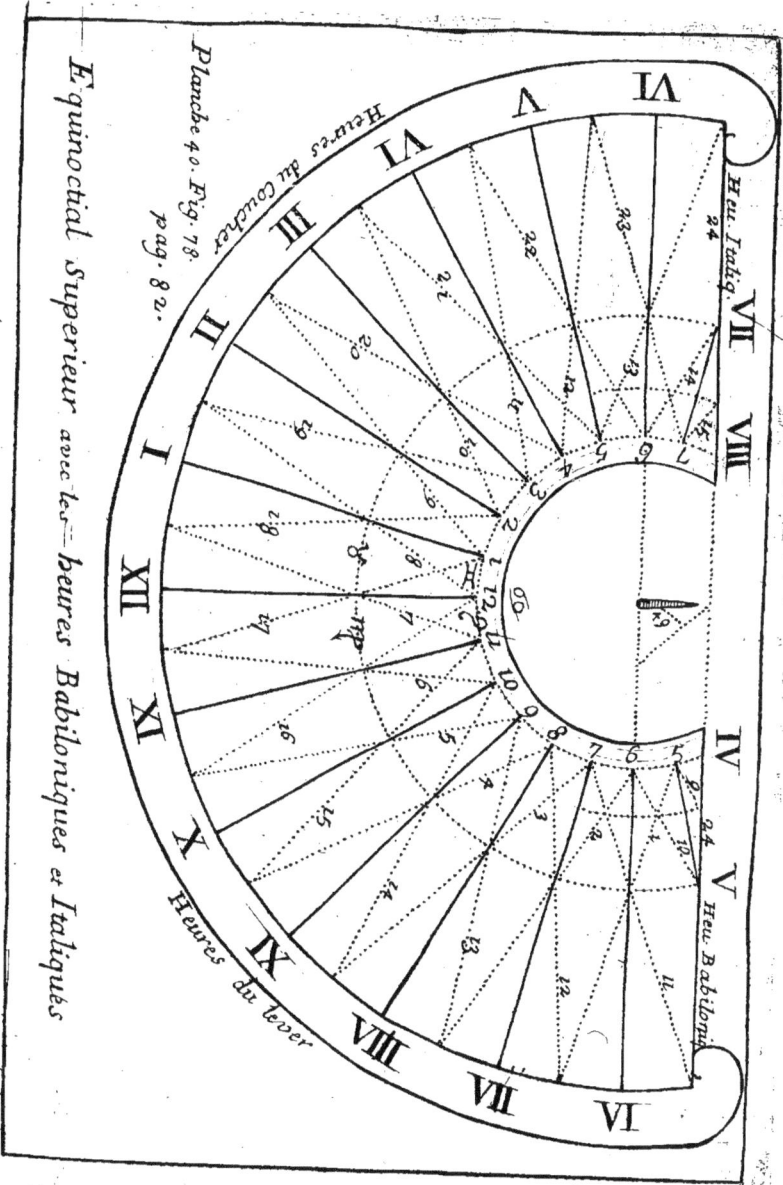

Planche 40. Fig. 78.
pag. 82.

Heures du Coucher

Equinoctial Superieur avec les heures Babiloniques et Italiques

Heures du lever

Heu. Italiq.

Heu. Babiloni.

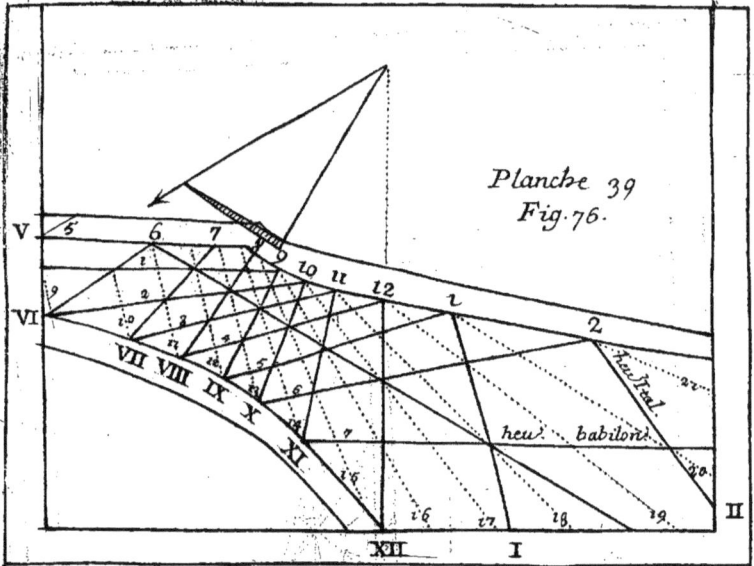

Planche 39
Fig. 76.

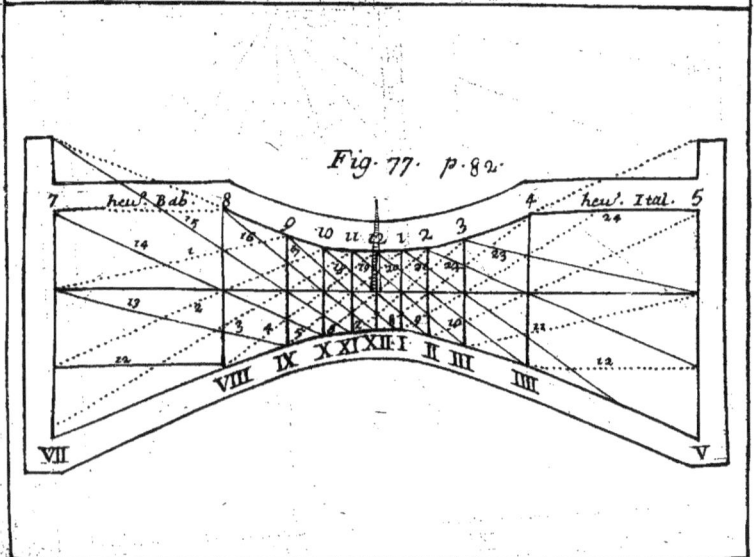

Fig. 77. p. 82.

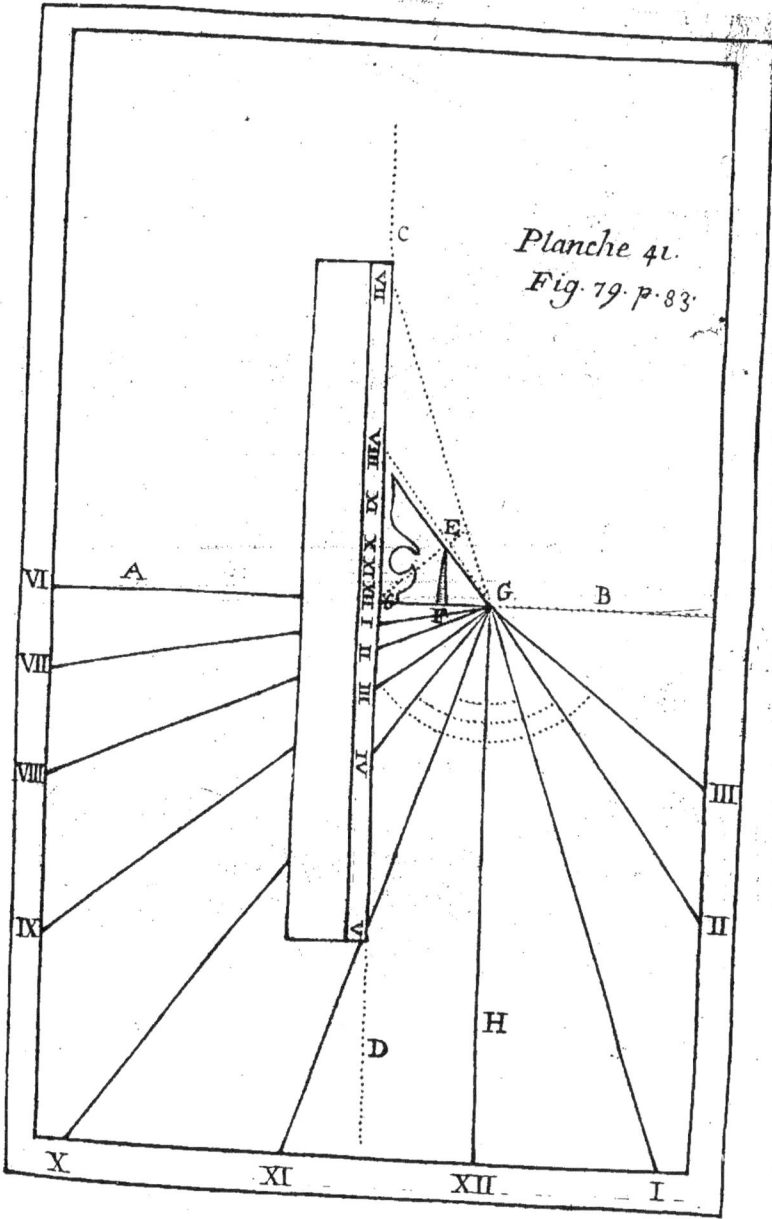

Planche 41.
Fig. 79. p. 83.

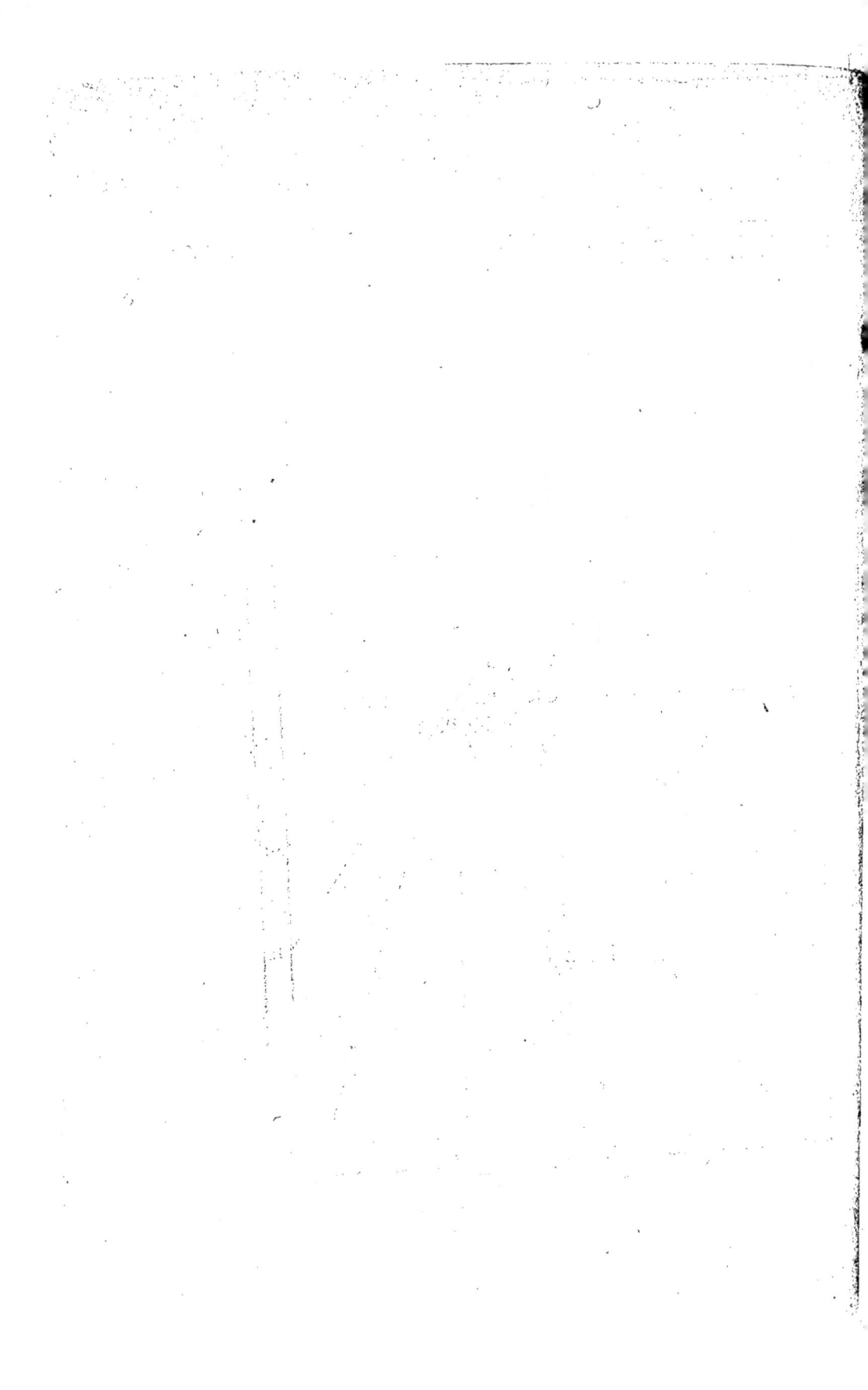

cera les autres par les interfeftions des horaires communes & des arcs que l'on a tracez.

La partie de l'horizontale paffant par les points VII.
& VIII. du coucher, fera la 24ᵉ horaire Italique, enfuite
de laquelle on tracera les autres par les interfeftions des
horaires communes & des mêmes arcs.

Enfin on diftinguera ces differentes horaires, ainfi qu'il
a été dit ci-devant, & l'on pofera au centre du Cadran
le ftile qui lui eft propre.

L'on a pû remarquer ailleurs que par les interfeftions
des horaires Babyloniques & Italiques on peut tracer non-
feulement les demie-heures communes, mais encore des
paralleles ou arcs diurnes differens des demie-heures des
paralleles premieres tracées. Cela fournit un moyen de
trouver d'autres points, dirigeant les horaires Babyloniques & les Italiques : car fi on trace un de ces paralleles au
dehors des premiers, à fçavoir celui de V. & demi du foir,
& que l'on divife en deux également, chacun de ces points
compris entre les horaires communes, on aura ces autres
points dirigeans ; mais pour avoir ce dernier parallele, il
faudra que le ftile foit petit par rapport à la grandeur du
plan que l'on veut occuper.

Ufages de la Regle Horaire Univerfelle dans la Sphere droite
& dans la parallele. Planche 41. figure 79.

LE nom d'Univerfelle ne conviendroit point à nôtre
regle fi elle ne pouvoit fervir que dans une certaine
pofition de la fphere ; les applications précedentes font
affez connoître fon utilité dans la fphere oblique, deux
autres fuffiroient pour montrer fes ufages dans la fphere
droite & dans la parallele, en conftruifant pour chacune
un vertical déclinant, ce qui doit fuffire, puifque les équinoxiaux & les polaires qui ont été donnez, font des horizontaux & des verticaux dans ces pofitions.

1ᵘ. Décrire un vertical déclinant de 41 degrez du Midi

à l'Orient pour la ſphere droite, tracez à niveau l'horizontale A B, qui ſera la ligne de 6 heures, & à plomb C D, s'entrecoupant d'équierre au point 6 : ſur C D, appliquez le bord diviſé de la regle horaire, les points XII. 6. convenant l'un ſur l'autre ; marquez ſur C D & au-deſſous du point 6. les points 7. 8. 9. 10. 11. vis à vis de ceux I. II. III. IIII. V. de la regle.

Faites ſur 6. B, & au point 6. à la droite de C D, l'angle G 6. E, de 41 degrez, déclinaiſon obſervée, ou orientale du plan. Faites 6. E égal à XII. IX. ou XII. III. qui repréſente ſur la regle horaire le rayon de l'équateur.

Tracez l'axe E G d'équierre à 6. E, pour avoir ſur A B le centre G du Cadran : du point G par les diviſions de C D, tracez autant de lignes horaires pour ſervir depuis 6 heures du matin juſques à XI. tracez auſſi du point G les autres lignes horaires, à ſçavoir la méridienne G H, perpendiculaire à A B, & celles de I. II. & III. heures aprés Midi, faiſant à main droite ſur G H des angles égaux à ceux qui ſont ſur icelle à main gauche, ces horaires ſupplementes de XII. X. & IX. du matin.

Le ſtile droit du Cadran ſera déterminé par E F perpendiculaire à A B : le ſtile oblique ſera une lame de métail coupée ſelon l'angle 6. G E, l'un ou l'autre fixé d'équierre au plan ſur A G, qui ſervira de ſouſtilaire.

Si la grandeur de C D au-deſſus de A B peut recevoir les points 1. 2. 3. vis à vis de ceux VII. VIII. IX. de la regle ; par ces points on pourra tracer au-deſſous de G les heures d'aprés Midi, qui ont été tracées par égalité d'angles.

Ce Cadran qui eſt proprement un équinoxial déclinant, a les angles horaires inégaux à cauſe de ſa déclinaiſon : ils ſeroient égaux ſans cela, & le centre ſeroit au point F, comme dans l'équinoxial régulier.

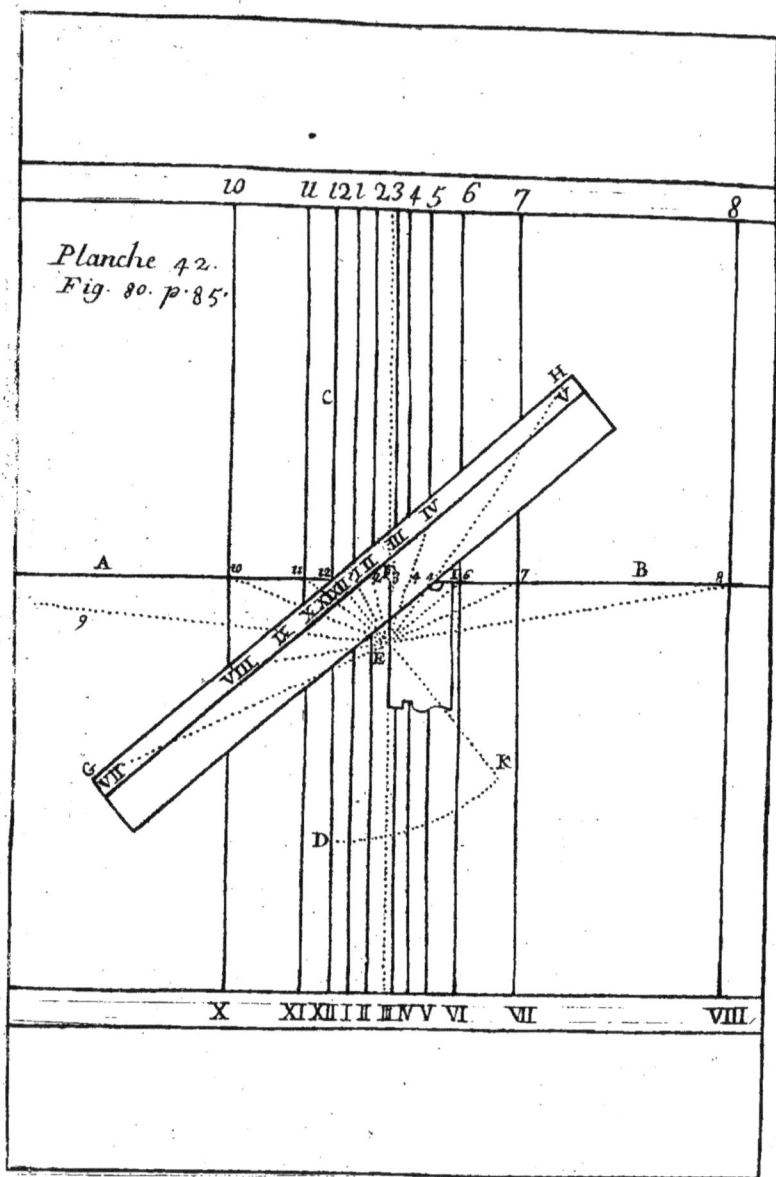

Planche 42.
Fig. 80. p. 85.

Décrire un vertical déclinant de 41 degrez du Midi à l'Occident, pour la Sphere parallele. Planche 42. fig. 80.

Tracez à niveau A B, qui fera l'équinoxiale & l'horizontale du plan, & à plomb C D méridienne, s'entrecoupant au point 12. Sur & à main droite de C D, faites au point 12. l'angle D. 12. E de 41 degrez, déclinaison occidentale obfervée : faites 12. E ligne d'inclinaifon égale à l'intervale XII. III. qui reprefente fur la regle horaire le rayon de l'équateur, par le point 12. tracez G H perpendiculaire à E 12, & appliquez le bord divifé de la regle horaire, les points XII. 12. tombant l'un fur l'autre.

Marquez fur G H les points 7. 8. 9. 10. 11 : 1. 2. 3. 4. 5. vis à vis de ceux VII. VIII. IX. X. XI : I. II. III. IIII. V. de la regle, du point E par les divifions de G H, tracez des droites rencontrant A B aux points 9. 10. 11 : 1. 2. 3. 4. 5. Par ces points, tracez parallelement à C D autant de lignes horaires pour fervir depuis IX. heures du matin jufques à V du foir, les autres qui fuivent feront auffi tracées parallelement à C D ; fçavoir celles de VI. heures par le point 6. déterminé fur A B par E 6 parallele à G H, & celles de VII. & VIII. du foir par les points 7. 8. trouvez fur la même C D, en prolongeant au-delà du point E les lignes de VII. & VIII. du matin.

Le ftile fera une verge déterminée de hauteur par F E perpendiculaire à A B ; ou une lame de métal F I K de la même hauteur à F E, l'un ou l'autre fixé d'équierre au plan fur la fouftilaire qui fera tracée par le point F parallelement à C D : dans le dernier cas l'axe I K fera parallele à l'axe du monde, tendant aux poles par ces extrêmitez.

Dans ce Cadran qui eft proprement un polaire, les intervales horaires font inégaux à leurs corefpondans de droit à gauche de la méridienne, à caufe de la déclinai-

fon du plan ; ils feroient égaux fans cela, & la méridienne feroit la fouftilaire comme dans un polaire régulier.

Defcription Geometrique de la Regle Horaire Univerfelle
en plufieurs manieres. Planche 43. figure 81.

T Racez, 1°. la méridienne A B, & l'équinoxiale C D
fe coupant perpendiculairement au point E : prenez
à volonté le rayon E B, fur lequel & à l'entour du point
B faites à gauche le quart de cercle équateur E F B, &
divifez fon arc en fix parties égales : du centre, & par les
divifions de cet arc, tracez des droites jufques fur C D,
pour avoir les points horaires du matin depuis VII. heures jufques à Midi inclufivement ; les points horaires depuis Midi jufques à V. heures du foir auffi inclufivement
fe trouvant par une femblable méthode, ou par des points
premiers trouvez.

Les demi-heures & les quarts fe détermineront comme les heures, après avoir fous-divifé en parties égales celles de l'arc E F.

Seconde maniere. Avec le feul rayon E B, portez fur
C D & autour du point E l'intervale E B, pour avoir le
point G de IX. heures, & le point H de III. De l'intervale G H & du point B, marquez fur C D le point I. de
VIII. & le point K de IIII. heures : portez le même intervale G H, de I. en L, point de VII. heures, & de I. en
M, point d'une heure : portez encore le même G H de
K en N, point de 5 heures, & de K en Z, point de XI.
heures ; les points de X & de II fe trouveront par la divifion de I K en trois parties égales.

Pour avoir les demi-heures, prenez féparement les intervales du point B à chacun des horaires marquées d'un
nombre impair, comme VII. IX. XI : I. III. V. & le
portez fur C D ; à fçavoir l'intervale B. VII. de VII. entre XII. & I. pour avoir XII. & demie. L'intervale B IX.

de IX. entre VII. & VIII. pour avoir VII. heures & demie, & de IX. entre I & II. pour avoir une heure & demie : l'intervale B. XI. de XI. entre VIII. & IX. pour
avoir VIII. heures & demie, & de XI. entre II. & III.
pour avoir II. & demie ; faites de femblables operations
avec les intervales, correfpondans B V, B. III. B. I. pour
marquer XI. $\frac{1}{2}$ X. $\frac{1}{2}$ IIII. $\frac{1}{2}$ & III. $\frac{1}{2}$ Les quarts d'heures fe trouveront en prenant féparement les intervales du
point B à chacun des points des demies-heures, & les
portant fur C D alentour de chacun de fes points ; ainfi
l'intervale B XII. $\frac{1}{2}$ porté de XII. $\frac{1}{2}$ vers C donnera IX.
& $\frac{1}{4}$, & vers D III. heures $\frac{1}{2}$. L'intervale I. $\frac{1}{2}$ donnera
IX. $\frac{1}{4}$ & III. heures trois quarts: l'intervale B II. $\frac{1}{2}$ donnera X. un quart & IIII. un quart, & ainfi des autres.

Troifiéme maniere par une feule ouverture de compas.
Du point E pour centre, & pour rayon E B pris à volonté, foit tracé une circonférence de cercle, coupant
A B aux points B Q, & l'équinoxiale C D aux points G
de IX. heures, & H de III. heures. Du point P & de
l'intervale Q E, marquez fur la circonférence du cercle
le point P, & rirez P B, coupant C D au point de II.
heures: du point P & du même intervale, marquez fur
C D le point K de IIII. heures: faites K N double de
K P pour avoir le point de V. heures, & K Z égal à K N
pour avoir le point Z de XI. heures ; les autres points horaires fe trouvent de la même maniere que leurs correfpondans. A l'égard des demies & des quarts, on les déterminera par la feconde méthode.

Maintenant pour décrire la ligne centrale qui doit fervir à diverfes latitudes ou élevations polaires, eft, 1°. Pour
y déterminer le centre d'un Cadran horizontal, ayant 20
degrez de latitude : fur A B faites l'angle A E R de 72
degrez, complément de 20 degrez, latitude propofée.

Du point R fur l'arc Q H, tracez R S perpendiculaire à
E R pour avoir fur A B le point central S, convenant à
20 degrez de latitude. Semblablement pour déterminer
un centre convenant à 49 degrez de latitude, faites l'angle A E T de 41 degrez, complément de 49 ; & du point
T fur l'arc Q H, tracez T V perpendiculaire à E T, qui
déterminera fur A B le point central U, convenant à 49
degrez de latitude.

On trouvera de même le point central Y qui convient
à la latitude de 70 degrez, en faifant l'angle Q E X de
20 degrez, complément de 70 degrez, & X Y perpendiculaire à E X, les autres centres fe détermineront de
même que ceux-ci, foit en augmentant ou diminuant la
latitude ; mais ayant jugé à propos de ne les marquer que
depuis 20 jufques à 70 degrez, qui fuffifent pour toutes
l'Europe, & même au-delà.

Ces centres étant trouvez on tracera J 20 fur la regle
horaire, & l'on y tranfportera les diftances E S en J 20,
E U en J 49, E Y en J 70.

Si l'on veut que l'intervale VII. V. de la ligne horaire
foit d'une grandeur propofée comme C D, il faudra commencer par déterminer le rayon de l'équateur, en faifant
au point C fur D E l'angle C E O de 15 degrez de la 6ᵉ
partie d'un quart de cercle décrit du point C fur la ligne
C D, & l'on aura fur E B perpendiculaire à C D l'étenduë E O de ce rayon.

On peut ne marquer fur la ligne centrale que le point
convenant à la latiude du lieu où l'on eft : par exemple
pour Paris, dont la latitude eft de 49 degrez.

FIN.